红耳龟

在观养缸内的红耳龟

黄耳龟

在产卵的龟

乌龟

雌（左）、雄（右）巴西龟

中华花龟

中国平胸龟

泰国平胸龟

缸养的平胸龟

金钱龟背部

金钱龟室内池养

黄喉拟水龟

变异白化的
黄喉拟水龟

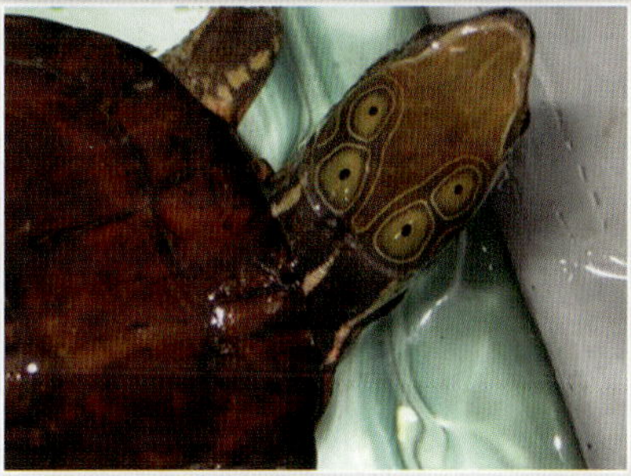

雄四眼斑龟

雌四眼斑龟

龟卵孵化

安布闭壳龟室内趣养

蛇鳄龟

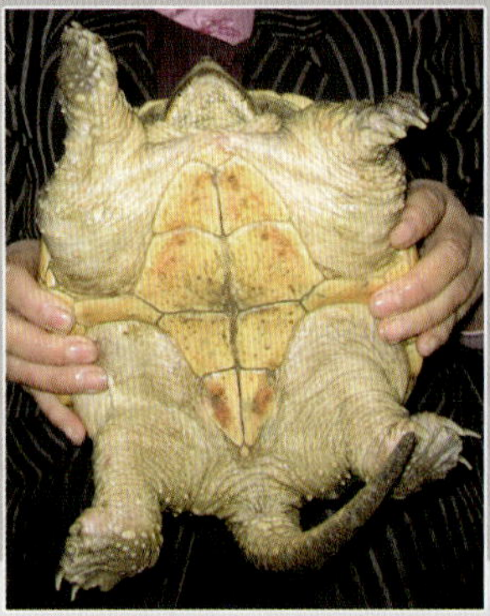

蛇鳄龟腹部

里海拟水龟

美国中部锦龟

美国东部锦龟

美国西部锦龟

美国南部锦龟

观养缸中的
绿毛龟

长颈龟

黄头侧颈龟

菱斑龟背部

菱斑龟腹部

纳氏伪龟

豹纹龟

黄额盒龟

黄缘龟

印度陆龟

在缸中观养的地龟

黄额盒龟海南种（左）越南种（右）

凹甲陆龟

缅甸陆龟在吃食

缅甸星龟

纳米比亚珍陆龟

苏卡达陆龟

印度星龟

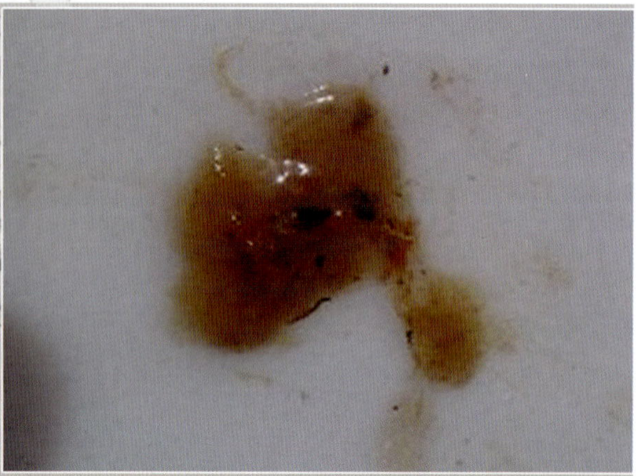

肠炎病龟的粪便

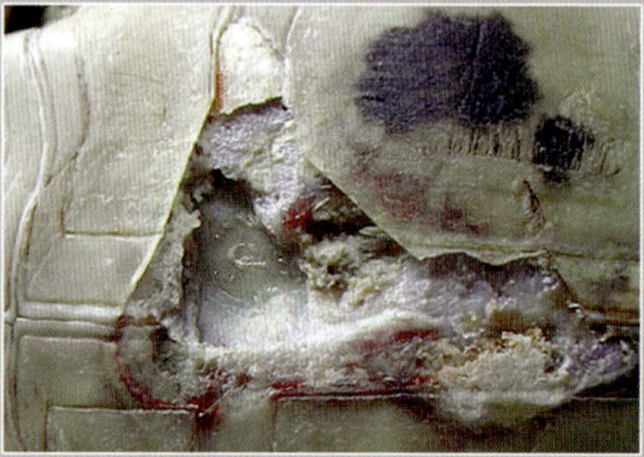

腹甲溃烂的陆龟

患腐皮病的龟

患眼病的龟

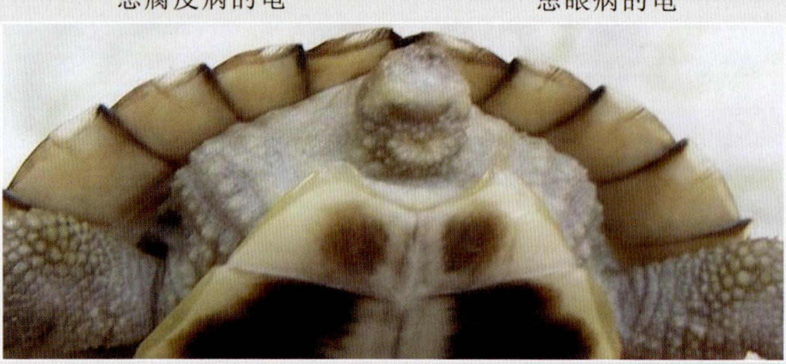

烂尾龟

摄影　冯书雅 赵南星 杨 晓

观赏龟饲养与防病手册

赵春光　黄利权　编著

中国农业大学出版社
·北　京·

图书在版编目(CIP)数据

观赏龟饲养与防病手册/赵春光,黄利权编著.—北京:中国农业大学出版社,2012.12(2024.12 重印)

ISBN 978-7-5655-0628-4

Ⅰ.①观… Ⅱ.①赵… ②黄… Ⅲ.①龟科-淡水养殖-手册 ②龟科-动物疾病-防治-手册 Ⅳ.①S966.5-62 ②S947.1-62

中国版本图书馆 CIP 数据核字(2012)第 265383 号

书　　名 观赏龟饲养与防病手册

作　　者 赵春光　黄利权　编著

责任编辑 张　蕊　张　玉　　**责任校对** 陈　莹　王晓凤

封面设计 郑　川

出版发行 中国农业大学出版社

社　　址 北京市海淀区圆明园西路 2 号　　**邮政编码** 100193

电　　话 发行部 010-62818525,8625　　读者服务部 010-62732336

编辑部 010-62732617,2618　　出　版　部 010-62733440

网　　址 http://www.cau.edu.cn/caup　　**e-mail** cbsszs@cau.edu.cn

经　　销 新华书店

印　　刷 天津鑫丰华印务有限公司

版　　次 2013 年 1 月第 1 版　　2024 年 12 月第 4 次印刷

规　　格 880×1 230　　32 开本　　5.25 印张　　93 千字　　彩插 4

定　　价 25.00 元

前　言

龟是我国传统的观赏动物，龟不但有观赏价值，还有药用价值、文化价值、研究价值和保健养生价值，所以深受我国民众的喜爱。观赏龟家庭饲养在我国的发展主要是在改革开放以后，随着人民生活水平的不断提高，养龟的人也越来越多，为了满足广大养龟爱好者的需要，特撰写本书。本书作者长期从事龟鳖的科研与养殖，在总结自身实践的基础上结合国内一些知名养龟企业及养龟爱好者的经验编著了《观赏龟家庭饲养与防病手册》。

本书共分四章，第一章着重介绍家庭养观赏龟的好处与龟文化，第二章主要介绍观赏龟家庭饲养的基本条件和观养形式，第三章介绍各种观赏龟的生物学特性和观养方法，第四章介绍观赏龟的疾病防治，本书适合观赏龟饲养爱好者和相关人士参考应用。但因水平有限，如有不当之处望读者原谅并指正。

编　者

2012 年 5 月于杭州

目　　录

第一章　家庭饲养观赏龟的好处与文化

第一节　观赏龟家庭饲养的好处

观赏龟是指个体较小，习性温顺，色泽艳丽、颇具灵性又好养护的龟类，所以它很适合家庭饲养，通过总结，家庭饲养观赏龟有以下好处。

一、观养怡情

龟是一种具有很高观赏价值的动物。大多观赏龟的体形奇特，花色斑斓、行动悠然，长期饲养还颇通灵性，如用黄喉拟水龟植育的绿毛龟毛丝婀娜多姿，在柔和的灯光下龟毛似祥光升腾，特别好看，因其头部黄色似“金”，腹部白色似“玉”，故有“金玉长寿绿毛龟”之称，我国华南和东南亚地区的一些宗教信徒把其作为供物奉养。特别是从20世纪90年代开始，我国陆续从国外引进的观赏龟，更是丰富多彩，添乐增趣，深受我国养龟爱好者的喜欢。所以观赏龟是家庭、公园、宗教寺庙等休闲、游览场所点缀环境、陶冶情趣、增添休闲雅兴的极好宠物。特别是我国开始步入老龄时代，不少家庭的老人可把它作为健康、长寿的吉祥物饲养，增强人们的长寿信心和满足避邪意念。而一些旅游胜地、公园、娱乐场所，也可将观赏龟作为观赏动物饲养以增加观赏景点，满足游人的观赏需求。所以，龟已成为不可或缺的观赏动物，更是满足人们养龟逗趣，观龟怡情，调节心情的动物朋友。

二、以龟会友

我国目前养殖观赏龟的人很多，通过家养观赏龟的技术交流和龟的交换，促成了一个以龟交友、以龟会友的和谐氛围。龟友们不分国家、地域和民族，也不分男女老幼，通过龟的媒介，以共同爱龟、养龟、保护龟的行动和信念，建立起深厚的感情，促成了长久的友谊。目前国际上以龟会友的网站很多，我国因是养龟大国，龟友人数更是超过万人。

有的地区如广东、港澳、华东几乎每年都有规模大小不等的龟友会和龟鳖论坛，大家的热情之高，兴趣之浓超乎想象。

三、科普教育

龟是一种远古进化至今的活化石，据有关专家研究，从发现的最古老的龟化石来看，可把龟的历史追溯到 2 亿多年前的史前时期，顽强的生命进化使龟成为人类崇拜的神灵。对于龟的长寿，一些研究机构还进行专门的研究，如通常认为大型生物的死亡与心脏的停止跳动密切相关，而龟的离体心脏竟能在体外搏动 2 天之久。有的研究还发现，动物的成纤细胞繁殖代数与动物的寿命关系密切，并把人与龟的成纤细胞繁殖代数进行了比较，结果人的成纤细胞体外培育是 50 年代数，而龟的竟高达 117 年代数，是人的 2.34 倍，这在动物界是罕见的。

龟也是我国文字的载体，如我国的古甲骨文，大多刻在龟板上。各种各样的龟也被宗教视为保护的灵物，在中国的佛教场所多有放生龟类的池塘。而在日本，更是把龟推崇为富贵的象征，所以取名时多用龟字。我国华南和港澳一带更把金钱龟视为吉祥物，因金钱龟有“金钱归”的谐音和招财进宝的祥意，故深受我国华南、西南、港澳及东南亚各地富商们的青睐。购买者多用作新宅竣工时引财进宝的祥物，也有长期居养室内作迎祥护富的守神，有的企业主在办公室成双供养，寓意企业兴旺发达。

因此养龟对龟的各种知识的掌握和交流，起到很好的传播和教育作用，特别是学生对生物的进化和物种的变迁等生物知识更具启蒙教育的意义。

四、增加收入

中国人喜欢龟，是因为龟极长寿，它不但见证人间数百年的兴衰沉浮，也被视为长寿吉祥的象征，所以我国民间对观赏龟的养殖和鉴赏已有很长的历史，龟的市场也由此而生。特别是从 20 世纪 80 年代改革开放以来，随着人民生活水平的不断提高，观养与食用的人越来越多，消费量急剧增加，市场发展迅速。据不完全统计，我国进入 21 世纪以来观赏龟的年交易额已达几十亿人民币，但市场的分布主要还是在华南、华东和港澳的经济发达地区。随着国内观赏龟市场的快速发展，与国外的贸易也随之加快。近年来从国外引进了许多有很高观赏价值的龟品种，如 2006 年 10 月由广东东莞龟协会举办的首届名龟、名鱼展中，展出的国内外观赏龟品种多达百余种，特别是有些国外引进的品种已在国内驯养成功，为今后人工繁养和保护自然资源及繁荣市场打下了基础。对于家庭来说，观赏龟不但要饲养，还可增加经济收入，由于观赏龟大多比较名贵，所以价格不菲，如金钱龟目前一个 10 克左右的苗，价格就超过万元，所以有心养龟的，可谓是一举多得。如

养龟致富

广东、广西、澳门、香港、浙江、北京、上海有许多开始只是养着"玩"的家庭，目前都成了百万富翁。

第二节　观赏龟的民间故事

龟的文化还体现在民间对龟故事的传说和流传，笔者在民间收集了几个有关龟的传说，编成小故事，供大家欣赏。

一、乌龟小丈夫

乌龟性温顺，稳健，杂食，穴居，很少和其他动物发生争执，特别是乌龟的家庭群族也较和睦，而这与作为"男子汉"的雄龟个头小有很大的关系。

相传雄乌龟原来是东海龙宫中的侍卫大将，不但个头高大而且气宇昂然。由于它有坚硬的外甲，所以作战时常打胜仗，一次因保护东海龙王出游有功，被龙王赐予金甲。金甲披身后雄龟自诩"金龟"，是宫中的"伟丈夫"，每天出门挺胸昂头，目空一切，并整天花天酒地、寻花问柳。夫人龟姬看在眼里愁在心头，但因惧其个头高大很少与之论理。一日金龟大将和朋友喝完酒后独自到内宫花园闲游，见一群漂亮的蚌女在园中戏玩，龟将一看淫性大发，冲过去就要无理。众蚌女群起而攻之，并用锋利的蚌壳与其戏斗，有的夹住它的脚，有的夹住它的甲，此时正好蟹将也路过此地，就与蚌女们一起把醉醺醺的龟将五花大绑地推到龙王处告状。此时龟姬也正与龙王哭诉，龙王见醉醺醺龟将勃然大怒，撤其金甲和大将职务，还命其今后见到女族必须把头缩回。久而久之，乌龟的后代也成了缩头乌龟，而失去金甲的雄龟体背比雌龟还乌黑，以后就得了个缩头黑乌龟的名。尽管后来因其忠诚勤奋又官至丞相，但雄龟因久被压制，个头也越来越小，到现在，一般同龄的雄龟就要小雌龟许多，成了乌龟小丈夫。

二、金钱归来

相传两广交界地住有一对年近50的老夫妻，老夫妻勤奋节俭，家中富足，且为人和善，常好帮人于急难之时，深得乡邻敬重。遗憾的是膝下无子裔，每等日斜家中感觉冷清，为此二老常叹无福。一日，一场暴雨后天边挂虹，二老突然发现有两只背披红光的龟爬于门前伸颈张望，二老捧起二龟放到桌上仔细端详，只见龟背上的甲片酷似钱币，三条黑色条纹又很像穿钱币的线，正是越看越喜欢，于是就把二龟收养。奇怪的是二龟并不怕人，倒是常伸出头颈听二老叙说，有时还点一下头似极懂人意，喜的二老再也不为无子裔发愁叹气了，而二龟也在二老的精心喂养下越来越大。3年后一天晚上，熟睡的老汉突然被噩梦惊醒，发现有两个蒙面盗贼背着自家金钱袋正要越窗逃跑，老汉大喊有贼，此时只见红光一闪，那背钱袋的盗贼被脚下一物滑倒甩开金钱袋重重地摔在地上。等老汉挑灯看时，金钱袋已甩到墙角，盗贼越窗逃跑，而一龟已被当时滑倒的盗贼踏碎背甲，鼻管出血死亡，等老汉再找另一只龟时也不知去向。天亮后二老四处寻找再无着落，二老拿着金钱袋痛哭着喊道："龟啊龟，没有你们哪有这些金钱，你们才是我们的金钱宝贝啊，你们何时能再来啊。"

第二年7月的一天，也是一场暴雨后天边挂虹，二老突然发现门前一团红色，只见一个体色艳丽的大龟领着一群小龟在门口张望，二老喜出望外，同时喊出："金钱归来了，金钱归来了。"更叫二老惊喜的是，自从龟归来后二老晚年得子后裔兴旺。以后当地人们把这种龟叫金钱龟、福龟，并把它当作神龟供养。直到现在两广和港澳地区凡是家道较好的人家都会在家中养几只金钱龟，以示吉祥富足。

三、人龟情未了

话说在清乾隆年间，浙江太湖边住着一户陈姓人家，世代都以打鱼为生，因待人和善又很勤快，邻里间也能和睦相处，几代下来家道还算殷实。这天全家喜盼儿媳临盆能有个传宗的男丁，只听内室"哇"的一声，喜婆报信生个男孩，全家自然喜欢，长者为其取名陈顺。

转眼陈顺二十出头，已娶妻生子，因传世代家风，为人处世地方皆竖拇指。一天，他到附近的小集闲逛，看见十字街口围着一群人看热闹。他拨开人群一看：原来有一老者带一只头呈金黄色的老龟,有人一逗就全部闭合呈盒状,十分奇特(后有人考证是较名贵的黄缘龟)。他去拨弄它,却被老者拦住说:"大人千万不要动它,否则您的手指难保。"陈顺感觉惊奇问:"这是什么怪物,这么厉害?",随即从衫里摸出一锭三两的银元宝说:"请开个价我要买它。"老者说:"价钱事小,但必须依我一件事。""请讲。""不准杀它吃,直养到它成仙为止,否则不卖。"陈顺点头答应道:"好吧,我照办就是了。"陈顺付银把龟带回家,家人越看越喜爱,就取名福贵(龟)。此后,逢年过节,陈顺就焚香供奉,祈求将来老龟带他成仙。可老龟不食供品,专爱吃树上的青虫。它冬天躲在厨房的炭堆里,不吃不喝,来春又爬出来,数年后,陈顺得一恶疾卧床不起,临终吩咐儿子,一定要把老龟装进棺材陪葬,好让老龟带他一起上天,儿子遵嘱。把老龟和陈顺一起装棺进坟。

转眼,陈顺的儿子也年近花甲,老人喜欢吟诗作画,栽种花卉。一天,老人在天井里给月季修枝,蓦地发现一块烂石头似的东西,他仔细一看,不免惊异:"这不是陪我爹一起葬入坟墓的老龟福贵吗?"几十年前,他还是个孩子时,曾天天与这只通灵性的老龟玩,着实与这只老龟有了感情,只因不敢违父意才恋恋不舍的装进棺墓,没想到它今天又奇迹般出现了,莫非这只老龟成精了?否则,在棺材里一不透气,二无食物,它怎么会不死呢?他写信把这件事告诉在山东就学的儿子。儿子来信说:棺材里的乌龟是吃了死尸肉,而且它只要一点点空气就够它呼吸了,所以它活了下来,棺材腐烂后它又爬出来。儿子叫父亲养好这只老龟。

话说时光已流逝到抗战时期,陈顺的儿子早已过世,孙子陈为因参加抗日队伍,被鬼子追杀,他只好带领一支小队进安吉山中与部队会合,他走后家中妻子也被鬼子奸杀,家也被日本人放火烧了。陈为的儿子幸被好心邻居救出抚养。一天黑夜,陈为带小分队悄悄回太湖边的陈村,到邻居家带走孩子,临走时不觉脚下一滑,定睛看时原来是老龟富贵。他不觉泪下,觉得老龟如同人一样有感情,如今已家破人亡,但还在家守候。当时因情况紧急,陈为只好托邻居收养老龟,心想不知今后还能否见到。

转眼到了解放初,陈为在部队已当上营长,只因在一次战斗中腿部受伤,当时正值部队南下解放全中国,部队只好把陈为留在江苏的一个老乡家养伤,而儿子在部队儿童团长大后17岁就参军随部队南下了。后来陈为在老乡家把伤养好后和老乡王大爷的女儿王冬梅结婚,并于同年10月带着妻子回到了太湖边的家乡。回家后邻居告诉陈为,你走后日本鬼子把村子烧了个精光,乡邻们也纷纷逃难,慌忙中老龟不知去向,从此就再也没见到老龟。

3年后一个雨后的傍晚,老龟突然回到了陈家,陈为夫妻在惊奇的同时更是喜出望外，从此就精心喂养。一天晚上，冬梅在灯下做针线活，突然听见屋外天井里有“噼啪”的打斗声。她用手电一照，见一条1米多长的毒蛇在向老龟发起进攻，但老龟的头、尾、爪都蜷缩在壳里，任蛇咬噬。毒蛇对乌龟无可奈何，自己反而咬得牙齿出血，它干脆停止了进攻，把长长的身子盘曲起来，头在中间，吐着火红的舌头，窥视重新进攻的方向。这时紧缩的乌龟轻轻动了一下，紧闭的底壳松弛了。对折的头部露出了嫩肉。毒蛇瞅准时机，“唰”地腾空跃起，利箭似地向乌龟露出的绯红的嫩肉部位咬去。说时迟，那时快，老龟“啪”地合上“钳子”，蛇头被紧紧地钳住。蛇使出了凶猛的最后一招，扭摆长长的身子，将老龟缠住，妄图缠死对手。老龟根本不当一回事，由它去缠，当缠到一定程度时，老龟“唔”的一下，背壳和底壳突然撑开，把毒蛇撑得像牛皮盘，只听“卟卟”几声，毒蛇断成很多节，肝肠迸裂，血迹飞溅，一命呜呼。这时，老龟慢慢伸出头，向四周张望一番，东嗅嗅，西闻闻，拉开架势，大口大口地吞食起来美味的蛇肉来。

冬梅自从目睹了这场激烈而精彩的龟蛇相斗以后，更喜爱这只老龟了，而老龟也常在冬梅做针线活时陪伴她，有时冬梅自言自语，老龟似懂人话点头迎合。除此以外，老龟对火特别敏感，冬天躲在灶头，凡是发现灶膛以外的火星，它都勇敢地冲上去，用身体把火扑灭。

自从回老家后，陈为因身体完全康复，由政府安排到区里工作，家中农活就由冬梅一人劳作，只是到了收割时陈为才回家帮忙。有一天，冬梅从田里干活回来，发现老龟不见了，找来找去，仍不见踪影，冬梅急得哭了。这时，隔壁的大娘告诉她，刚才有一个要饭的经过她家门前，想必老龟被这人捉去了。冬梅一听，丢下锄头就去追赶。直到日落西山，才在一座桥洞下发现了他。此时乞丐已把老龟全身涂上烂泥，准备扔进火堆烤熟了吃。冬梅对他说："这老龟很通人性，在我家已几代了，它名字叫福贵，请你做做好事，把老龟还给我。"

乞丐说："笑话，我是讨饭的，吃饱肚子是我的生计，要老龟好说，拿 15 斗米来换。"冬梅气白了脸："你，你真不讲理！"乞丐死皮赖脸地说："理？肚皮要吃饭就是理。"说罢，抓起乌龟要往火里扔。冬梅急了，忙说："你等等，我去拿米来换。"乞丐笑着说："好吧！我等你送米来，不然我就烧吃了它。"冬梅二话没说，回家凑了 15 斗白花花的大米交给乞丐。15 斗米，对当时的一户农家来说，是一个不小的数字。这一年，太湖边又遇涝灾，收成很少，她含辛茹苦，每天只吃两顿稀饭，度过了难关。

自从把老龟换回以后，冬梅更加小心地看管这个传家宝，因冬梅到陈家后并无生育，丈夫和他的儿子都到外地工作，陈为曾几次劝冬梅随他到工作地居住，但冬梅均因舍不得老龟作罢，而老龟也与陈家和冬梅结下了深厚的人龟不了情。

龟龟别跑啊

四、常回家看看

这是一个雨雾蒙蒙的傍晚，徽州丁姓家门口一只大龟往里张望，正好被姚姓邻居看到，随即敲开了丁家大门，大喊："你家的大龟回家来了。"

丁家长者丁同仑老人闻声，赶紧走出门，只见大龟正伸出头睁开圆溜溜的眼睛看着他呢。老人惊喜地蹲下身子，轻轻地把大龟抱回家。

大龟身长约 34 厘米，身宽约 25 厘米，重约 3.8 千克，背部呈古铜色，肚子长满青苔，头部呈金黄色，腹部龟壳上的"圩丁丁同庚"等字样清晰可辨。

这大龟与丁家的奇缘还得从新中国成立前说起。1922 年，丁同仑老人的哥哥丁同庚 7 岁，一天从集市上买回一只仅巴掌大且浑身是伤的小龟，但洗干净后见和普通龟很是不同，它身呈棕黄色，背上有三条黑纹，在光下看时十分艳丽（后据考是黄喉拟水龟）。丁同庚把它养在家里，和家人一起，喂它鸡蛋白、猪肝等食物。

一个多月后，乌龟身上的伤痊愈了。丁同庚就在它腹部壳上刻上了村名和自己的名字，然后把龟带到一里路外的中派河的一座桥边放了生。

第二年春天，一只龟突然爬进了丁同庚家，他抱起龟一看，腹壳上刻有自己的名字，原来是去年放生的那只龟。丁同庚非常高兴，像招待客人一样，把这只龟留在家里过了几天，然后又把它送到村前的大坝里。

从那以后，除特殊年景外，龟几乎每年春天都回来一趟，而小龟也长成了大龟，以后再见就叫它大龟了，而每次回来，不是雨天就是雾天。当时丁同庚虽然比较穷，平时很节约，可每次大龟一回来，他却买猪肝、鸡蛋等较贵的东西给它吃，并喜欢抱着它，跟它说好多好多的话。

大龟离开丁同庚是在 1965 年春天。那一次，大龟回来后，丁同庚喂它鸡蛋，它不吃；喂它猪肝，它也不吃。为了让它寻生，丁同庚只好抱着它来到村子前面不远的坝放它回去。来到水边，丁同庚放了挂鞭炮，为它送行。

此后的十年时间里，大龟一直没有回来，有人对丁同庚老人说："你的大龟肯定被人吃了。"丁同庚一听，难过得流下眼泪。此后一到下雨天,老人便到坝边等候,还叫家里人留心大龟是不是回来了。

老人临终前还把弟弟丁同仑和儿子丁文仑叫到跟前说:"大龟10年没回来了,但它肯定会回来的,我走了,你们可要善待有灵性的大龟啊!"60岁的丁同庚老人带着遗憾和牵挂离开了人世。且不说这么多年来大龟是怎样度过的,但是它怎样在24年后找到了丁家的就是一个让人费解的谜。它到底是怎样识途的呢?

这些年来,大龟每次回来都在春天,与往年不同的是,今年大龟在这个本属冬眠的季节回到了丁家。家人抱它时,它显得很温顺,"生人"抱它,它就四爪乱抓。

记者给它拍照时,叫它把头伸同来,它不理;丁同仑老人让它把头伸出来给记者看看,它便老老实实地伸出头来。

一般来说,龟身上都有异味,丁同仑老人把龟抱到记者跟前,让记者闻它的爪子,却有股透香扑鼻而来,引得边上的几个人也凑上去闻,不知为什么,有灵性的大乌龟身上能释放出来香味。

1999年1月26日太阳要落山时,丁同仑和贺中勋两人用小木桶把大龟拎到离家300多米的丁大坝,把乌龟放到水里,放了一挂鞭炮为它送行,可它就是不愿走远,丁同仑说:"你不愿走就回来吧!"大龟掉转头,爬到了丁同仑的脚下,老人只好把大龟抱回了家。隔日再次送它时,闻讯赶来的1 000多名群众一齐拍手欢送，可大龟还是在水面上翘着头，不想走。丁同仑把它抱回家的时候，大龟把头伸出老长，显出一副高兴的样子，丁家决定多养一段时间再放它走。到了第二年春天3月的一天早上，大龟出乎异常地在门口爬行，老人知道龟想回大自然中去了，于是给它买了一块大猪肝，让它吃个饱，大龟吃饱后径自爬出门外朝村边的溪口方向而去，此时丁同仑老人默默地念道："大龟啊，以后常回家，常回家来看看。"

第二章　观赏龟家庭饲养的基本条件

第一节　家庭饲养观赏龟的主要形式

养观赏龟家庭饲养的形式目前主要是以下几种为主。

一、室内饲养

观赏龟的室内饲养最适合家有退休老人又有一定经济条件的几代同堂家庭。因其主要目的是以闲趣观养为主，所以饲养的龟类一般应选色彩艳丽，性情柔和，形状奇特和生长较慢的龟类，如大多数小型陆龟和水栖龟类中的乌龟、彩龟、花龟、金钱龟、绿毛龟、长颈龟、四眼斑龟等，如有孩子就不能养那些攻击性强的龟类，如大型象龟，大、小鳄龟等。

二、庭院饲养

是指家庭的地头园旁、房前屋后的空地建池养龟，所以观

室内饲养的陆龟

赏龟庭院观养已不局限于单纯的观赏，面积大的还可以繁养，搞经营。如广西钦州和广东茂名等地的很多家庭在不放弃原来职业的基础上搞庭院繁养观赏龟发家致富，所以庭院养龟适合繁养各种观赏龟类。

三、楼顶饲养

就是利用阁楼和楼顶的空闲地方经过符合养殖要求的场地改造和设施配套后进行观养，主要是养殖一些名贵龟类，如金钱龟、黄缘盒龟等，特别是数量略多的为了安全一

庭院饲养

楼顶饲养

般在楼顶或楼阁中去养，广东、广西和浙江采用楼顶和楼阁饲养比较多。

第二节　家庭饲养观赏龟的环境要求

观赏龟家庭饲养必须达到以下基本要求，否则就不应盲目去养。

一、水源要求

水源要求主要是饲养水栖性观赏龟，因其基本生活在水中，所以对水的要求更加严格。一般观赏龟的水源要求无任何化学污染，pH 在 7～8 之间，盐度不超过 2‰，水质最好是外河或水库的上层清水，尽量不用自来水（如用自来水必须经过太阳暴晒），一般城市里可接些雨水，沉淀后也可用。

二、环境要求

由于大多观赏龟喜静怕惊，所以十分吵闹的环境不适合饲养，因为这样的环境不但会影响龟的正常活动和吃食，而且因害怕整天畏缩不动也影响观赏。如有小孩子的家庭，不但很吵闹，小孩还经常会去抓挠。所以，饲养观赏龟的室内应保持安静，空气清新，光线柔和，否则就不适合。

第三节　家庭饲养观赏龟的主要设施

饲养观赏龟无论采取室内还是庭院，设施必须完备，如注排水设施、加温设施、投饵设施、隐蔽设施等，应该重视的是制作设施的原材料一定要环保，不得有有害物质和特殊气味，另外设施要求牢固耐用。

一、室内观养缸

观赏龟在室内观养，水栖和半水栖可以用观养玻璃缸，也可以用各种制作精巧的工艺盆等，玻璃缸根据家庭的经济条件可大可小，讲究的可和大型观赏鱼共养。如果和鱼共养，缸内设施应符合养鱼的要求，如增氧换水等，而龟类则因在适宜的温度环境中由肺呼吸，只要环境干净、安静，其他要求并不太高，但在缸中也应设些能攀附的假山和小桥等装饰。

室内水龟观养缸

室内养水栖性龟的设施一般城乡的花鸟市场都可成套购买。但为了降低成本,也可买透明的玻璃缸和无毒透明塑料缸自己布置,布置的基本操作如下:

1. 铺底石

首先洗净观养缸,其次在缸底先铺层各色小棱石或小卵石(如雨花石和各种色球、色块等),石子的厚度一般为 2~3 厘米,铺时颜色要搭配好,通常把大的先铺在缸底的一个位置上围一圈,再把小的铺在圈内,这样以免小的在观养时分散影响景观。

2. 种水草

铺好底石后就可种水草,水草有假草和真草,一般可互相搭配种,种的方法主要是压或绑在石头上。水草是观养缸非常重要的景观之一,所以配时一定要根据缸的大小和室内综合环境互相协调。

3. 布置固定景物

种好人工水草后,就是布置各种固定景物,如假山、拱桥、庭阁等,布置时要根据缸的大小和观养龟的多少而定,红耳龟比较爱活动,所以可少布一些,但桥和庭阁之间要有连贯性,固定景物布好后可再放些点缀的海螺壳等奇特艳丽的小景物。

以上布置好后基本就可放水养龟、养鱼。如用小玻璃缸直接养几只小龟则更简单,只需在缸底放些雨花石和人工草就可。

如果是陆栖龟类，就要做观养保温箱，因为陆龟大多需要温暖的环境。

二、庭院饲养池

庭院观赏龟饲养主要是水栖和半水栖龟类，南方天气比较温暖的地方也可观养陆龟，大多观养池主要是利用家庭房前屋后、地头院旁和楼顶阳台空闲的地方修建，观养池的形状也是多种多样，如圆形、八角形、椭圆形、三角形、菱形等，观养池的面积和形式可因地制宜。

不管用何种形状和多大面积建造时都应掌握以下几个原则：

一是安全的原则，为了避免一些大型的龟类逃跑或伤人，所以建造时应特别重视防护措施，并做到绝对安全，另外露天观养池应设泄洪口，以免下大雨时池水溢出，观赏龟顺水逃跑，防逃可采用池墙上部靠顶的地方镶贴瓷砖，要求高度不低于 20 厘米。

二是美观的原则，因是观养，所以建造时要有特色，如应考虑水陆景观栖息地，一般可在池中建假山、沙滩、小水塘和小桥等景观，为了增加观赏性，还可建人工瀑布等，使其有很高的观赏性。

三是牢固的原则，无论多大的风雨，观养池塘都要保证不出事故。

四是管理方便，其中进排水一定要畅通，投喂饲料也要方便。

五是实用，如是在楼阁和楼顶养龟，可采用抽屉多层式，既可达到观养目的又可提高利用率。

庭院观养水龟池

第四节　观赏龟家庭饲养的饲料要求

水栖性和半水栖性观赏龟虽然是杂食动物，但各种龟类对饲料的要求有些区别，所以投喂的饲料既要按食品动物的饲养要求去搭配，还要做到安全卫生。现把我国目前主要投喂观赏龟的饲料种类作一介绍。

一、机制配合饲料

机制配合饲料是由含高蛋白质的鱼粉为主与其他饲料原

料配合而成的。机制饲料的优点是蛋白质含量较稳定，制作工艺较精细，产品易贮存运输。营养基本能满足观赏龟某阶段的生长需要，缺点是许多添加物不明确，维生素性质不稳定，有的盐度略高，单独使用不能完全满足观赏龟特殊生长阶段的营养需要，所以机制配合饲料可作为投喂时重新配合的基础饲料，配合比例为60%～90%。

机制配合饲料因制作方式不同，物理形状也有区别，下面介绍目前国内较常用的几种，供饲养时参考。

1.机制粉状配合饲料

优点是应用较方便，易储藏保管，营养较全面，并可在投喂前根据需要添加各种所需的物质。缺点是为了保证饲料的黏合性须配入很大比例的黏合剂，这不但增加了成品饲料的成本，也易给养殖对象造成营养性疾病（如在饲料中因过多的淀粉比例，长期投喂易引起龟的肥胖病与脂肪肝）。

配合粉料

粉料加工软颗粒

由粉料加工的团状饲料

2.机制膨化颗粒饲料

机制膨化颗粒饲料的优点,一是能使饲料的消化吸收率大大提高,从而提高了饲料的利用率。二是通过高温杀灭了饲料中的病原菌,避免了养殖对象病从料入的现象。三是饲料的整体性较好,大大降低了饲料在水中的散失率,减少了饲料的浪费。四是膨化饲料的浮性可免去饲料制粒和搭建饲料台等的设备投入,降低了设施成本。五是配方中可大大降低熟化淀粉的比例,能降低饲料的配方成本和避免因淀粉比例过多而对养殖不利等,缺点是制作成本相对高。目前家庭观养的商品饲料大多为该类型的饲料。

3.机制硬颗粒饲料

优点是不但可大大降低配方成本,也能减轻养殖成本。硬颗粒饲料应用方便并便于运输贮存。但缺点是不能在需要时灵活有效地添加所需的物质和遇到水会散开，因此投喂必须在水上进行。

膨化颗粒料

机制硬颗粒料

二、鲜活动物饲料

凡达到无公害食品标准要求的各种海鲜、动物内脏、各种淡水鱼、肉类、新鲜的奶蛋，经过无公害培育的黄粉虫、蚯蚓、蝇蛆、蚌类、大型水蚤等都可作为水栖性和半水栖性观赏龟直接投喂或配比的饲料。

鲜活动物性饲料的优点是营养丰富，适口性好，易消化吸收，在以机制配合饲料为主的人工配合饲料中添加一定的比例，有促进生长和提高产品质量的作用。鲜活动物性饲料的缺点是不易保存，易变质，故在应用时必须做到现采现用。鲜活动物性饲料的添加比例为10%～40%。现把观赏龟几种常用鲜活动物性饲料的营养成分及饵料系数介绍如

鲜活小鱼

鸡肝

黄粉虫

螺

下(表 2-1 至表 2-4)。

表 2-1　部分鲜活动物性饲料的饵料系数

饵料名称	系数	饵料名称	系数	饵料名称	系数	饵料名称	系数
鲢鱼	8.0	鳙鱼	8.0	草鱼	6.5	青鱼	6.0
泥鳅	6.0	蚌肉	5.8	田螺	7.2	带鱼	5.5
鸡肉	5.5	鹅肉	4.6	配合料	1.6	螺蛳	7.8
淡水杂鱼	7.8	牛肉	5.0	福寿螺	7.5	海杂鱼	6.6
精猪肉	5.2	鸡肝	6.8	猪肝	6.5	鸭肉	5.8

表 2-2　常用鲜活动物性饲料的营养成分表(100 g 内含量)

品种	水分（克）	粗蛋白（克）	粗脂肪（克）	碳化物（克）	灰分（克）	钙（毫克）	磷（毫克）	产地
牛肝	67.1	22	5.1	3.5	1.7	9	344	北京
牛肉	70.1	20.5	9.9	—	1.3	3	0	河北
猪肝	70.8	12.2	1.3	14.2	1.5	12	365	北京
猪肉(瘦)	74	18.1	2.4	3.5	1.9	—	—	福建
猪血	61.9	18.2	14.9	3.8	1.2	44	108	北京
鸡肝	74	16.7	4.5	3.5	1.3	4	216	安徽
鸡肉	64.5	21.7	14	—	0.8	15	144	浙江
鸭肝	71.9	15	2.5	9.2	1.4	4	159	安徽
鸭肉	56.9	16.3	26	—	0.8	13	124	浙江
草鱼	79.1	16.9	3	0	1	38	167	江西
带鱼	73.6	18.9	6.4	0.1	1	56	191	浙江
鲫鱼	78	17.4	1.3	2.5	0.8	64	197	北京
鲤鱼	77.7	19.4	1.3	0.3	1.3	37	23	河北
鲢鱼	57.1	20.9	4.9	0	0.9	46	199	上海
泥鳅	74.2	21	1.2	1.7	1.9	168	327	安徽
鳙鱼	74.5	21.4	3.2	0	1.2	113	215	湖北
河虾	82.5	13.2	1.6	0	4.7	356	—	安徽
草虾	74	21.2	1.2	0	3.6	403	233	安徽
河蚌	89.8	6.8	0.6	0.8	2	39	127	上海
田螺	82	11	0.2	3.6	3.2	0	93	上海
螺蛳	80.1	11.4	0.7	4.1	3.7	—	98	上海

表 2-3　水蚤类饲料的营养成分表　　%

蚤类名称	粗蛋白	粗脂肪	碳化物	粗纤维	灰分
鳔水蚤	64.78	8.61	12.6	8.58	5.9
剑水蚤	59.81	19.81	4.58	10.07	5.74
薄皮蚤	56.5	5.88	12.51	8.8	11.31
美女蚤	36.38	25.19	25.19	14.6	19.4

表 2-4　奶蛋类饲料的营养成分表(100 g 内含量)

品种	水分（克）	粗蛋白（克）	粗脂肪（克）	碳化物（克）	灰分（克）	钙（毫克）	磷（毫克）	产地
牛奶	88.5	3.1	3.2	4.6	0.6	113	86	内蒙古
牛奶	87.2	2.9	3.8	5.8	0.3	159	68	安徽
牛奶	89.7	2.9	3	3.8	0.6	85	73	上海
牛奶粉	2.4	18	27.6	47.6	4.4	228	535	黑龙江
全脂奶粉	1.8	23.1	23.5	46.7	4.9	602	591	浙江
全脂奶粉(加糖)	1.6	21.1	23.2	48.5	5.6	501	610	福建
豆奶粉	2.7	19	8	68.7	1.6	149	257	江西
鹌鹑蛋	73.9	14.3	10.6	0.1	11	67	241	北京
鹌鹑蛋	66.5	12.2	11	9	1.3	29	229	安徽
鹌鹑蛋	73	11.8	12.4	1.9	0.9	42	119	福建
鹅蛋	67.8	11.2	17.5	0.9	1.4	22	61	河北
鹅蛋	68.7	9.5	14.9	5.6	1.3	22	109	山东
鸡蛋	74.2	12.6	11	1	1.2	39	111	北京
鸡蛋	73	13.5	13.1	0	1.1	48	227	湖北
鸡蛋	76.5	13.6	8	1.1	0.8	33	89	江苏
鸡蛋	72.8	12.7	9.4	4.1	1	60	219	广东
鸡蛋黄	50.6	15.3	26.4	5.7	2	1	780	河北
鸡蛋黄	55.5	14.4	26.4	2	1.7	90	259	江西
鸭蛋	70.1	13	13.3	2.3	1.3	77	249	北京
鸭蛋	69.4	11.6	11.1	6.8	1.1	43	208	湖北
鸭蛋	72.2	13.4	14.9	0	1	86	263	浙江

三、鲜活植物饲料

凡测定为无公害的菜蔬瓜果均可作为陆栖观赏龟的主要饲料，也可作水栖和半水栖龟类的补充添加饲料，不但可起到补充营养的作用，还有预防观赏龟疾病的作用，所以鲜活的植物饲料在观赏龟的饲养中是十分重要的饲料，现把常用的蔬菜、瓜果介绍如下。

（一）蔬菜

1. 菠菜

菠菜别名菠斯菜。为藜科植物菠菜的茎叶。

鲜菠菜全株富含胡萝卜素、维生素 C、叶酸、草酸、蛋白质、微量元素等物质。菠菜中的粗纤维可促进动物消化道运动，起到帮助消化吸收的作用。最近的医学研究还发现菠菜中还含有辅酶 Q_{10} 和维生素 E，故又具有提高机体免疫力和增强抗病力的作用。菠菜味甘，性凉，具有养血、止血、通利肠胃、健脾和中的功效。

在龟疾病防控中菠菜作为营养鲜活饲料，添加能提高龟的抗病能力和促进消化吸收，有增进食欲促进生长的作用，特别是亲龟的产前添加，可提高亲龟的受精率。菠菜的添加量为以当日干饲料量 8％比例的鲜品打成菜汁拌入饲料中每个月 10 天。

2. 白菜

为十字花科植物白菜和青菜的叶。

白菜含有多种维生素和矿物质，此外还含有蛋白质等营养物质。研究表明，白菜汁有较好的解毒作用。白菜味甘，性平，具有补中、消食、利尿、通便、清肺、除瘴等功效。

在龟疾病防控中白菜既可用作解毒又可作营养剂。由于含有丰富的维生素，可在防治龟烂肠病时作辅助防治的添加物，可起到很好的增效作用。用量为以干饲料量10％的比例榨汁添加在饲料中投喂。而平时也可作为营养剂添加，用量为当日干饲料量5％的比例榨汁添加。

3. 卷心菜

为十字花科植物甘蓝的茎叶。

卷心菜含葡萄糖、芸薹素、酚类、多种维生素，特别是含有丰富的维生素U，这种维生素对消化道有很好的保护作用。卷心菜味甘、性平。具有保护消化道、补充骨髓的功效。

在龟疾病防治中，既可防治消化道疾病，又可作营养物添加以促进龟的生长。用量为当日干饲料量5％～10％的比例打成菜浆拌入饲料中投喂。

4. 空心菜

为旋花科植物蕹菜的茎叶。

空心菜含有大量的维生素，如烟酸、胡萝卜素、维生素C、B族维生素。特别是嫩梢中的含量最多。它还含有蛋白质、糖类、无机盐等营养物质，空心菜还有抗病毒的作用。空心菜味甘，性寒，具有凉血止血、润肠通便、消肿去瘤、清热解毒的作用。

在龟疾病防控中由于其含有丰富的维生素，所以辅助防治龟烂肠有明显提高防治效果的作用。此外，平时也可作为营养剂长期添加。用量：辅助治疗，以当日干饲料量 15% 的比例榨汁连续 10 天。平时添加，以干饲料量 5% 的比例榨汁添加。

5. 番茄

为茄科植物番茄的果实。

番茄中含有多种维生素，其中维生素 C 因番茄带酸性而不易被热所破坏。还有番茄中的维生素 P 有保护动物皮肤健康、维护消化道消化液的正常分泌和促进红细胞形成的作用。番茄中还有一种抗癌物质叫谷胱甘肽，当动物体内谷胱甘肽的含量上升时，就不易产生癌肿的疾病。此外，番茄中的柠檬酸和苹果酸及糖类，也有帮助消化吸收促进生长的作用。而番茄中的番茄素有较强的抑菌作用。

番茄味甘、酸，性凉。具有清热生津、凉血消肿的功效。

在龟的疾病防治中，番茄可预防多种维生素缺乏症，如烂眼病、白眼病、烂脚病等，也可起到抗菌消炎的作用。所以，在平时的饲料日粮中经常添加，既可起到补充营养、促进生长的作用，又可起到防病作用。特别是在发生暴发性疾病时，作为辅助药物治疗的添加物，有很好的协同作用。添加量为用鲜品以干饲料量 5%～10% 的比例打浆拌入饲料中投喂。如能长期添加，效果更好。

6. 萝卜

为十字花科植物莱菔子的根。

萝卜含有丰富的蛋白质、糖类。此外，萝卜中还含有能分解食物的糖化酵素和淀粉酶。它们能分解食物中的淀粉与脂肪。萝卜块根的醇提起物有较好的抗菌作用。最近的研究还表明，萝卜还有较好的抗癌作用。

在龟疾病防控中萝卜既可作为帮助消化吸收促进生长的营养物质，同时也有较好的防病作用。如龟的脂肪肝病等。萝卜最好鲜用，用量为当日干饲料量的6%～10%，打成浆拌入饲料中每个月投喂10天。

7. 胡萝卜

胡萝卜俗名黄萝卜、红萝卜、丁香萝卜、土人参，为伞形科植物胡萝卜的根。

胡萝卜含有糖类、蛋白质和多种维生素。其中以胡萝卜素含量最多，和其他果蔬比，胡萝卜中胡萝卜素的含量相当于苹果的35倍、芹菜的36倍、柑橘的23倍、番茄的100倍。胡萝卜素在动物体内可转化为维生素A，所以胡萝卜素也被称为维生素A原。维生素A能保护动物上皮细胞结构和功能的完整性。胡萝卜素还有抗氧化作用，所以它有很好的防病、抗癌作用。

在龟的疾病防治调控中，胡萝卜有防治龟的烂眼病和腐皮病的作用，如通过对比，食物中长期添加一定比例胡萝卜的龟，养殖死亡率可减少5%以上。因此，胡萝卜是一种既安全卫生又经济有效的防病添加物，胡萝卜的添加方法，可按龟不同生长时期的当日吃饲量按比例添加。根据笔者的经验：龟苗种培育阶段（个体重 5～50 克之间），按当日干饲料量的 10％添加，养成阶段（个体重 250 克以上）按当日干饲料量的 5％添加。值得提出的是胡萝卜在应用时必须煮熟后再打成浆拌入饲料中，因为加热后能使胡萝卜素的吸收利用率高达 83％以上，而生食的吸收利用率还不到 10％。

8. 苋菜

苋菜，又称米苋，是苋科苋属的一年生草本植物。

苋菜营养丰富，每 100 克鲜嫩茎中含水分 90.1 克，蛋白质 1.8 克，碳水化合物 54 克，粗纤维 0.8 克，维生素 C 28 毫克，胡萝卜素 1.95 克。矿物质含量也很高，其钙的含量在蔬菜中除芥菜、榨菜外，苋菜是最高的，为 180 毫克；含铁 3.4～4.8 克，比菠菜高 1 倍；磷的含量为 46 毫克。

苋菜能维持正常的心肌活动，防止肌肉痉挛（抽筋）。这是因为它所含丰富的铁，可经转化合成红细胞中的血红蛋白，有携带氧气的功能。它含有丰富的铁、钙和维生素 K，可以促进凝血、造血等功能。常食苋菜可以减肥轻身促进排毒，防止便秘。苋菜性味甘，在夏季多食用红苋菜，具有清热解毒、治疗肠炎痢疾、大便干结和小便赤涩的效果。

苋菜的作用：清热解毒，清肝解毒，凉血散淤。中医认为，苋菜味甘，性凉。归大肠、小肠经。

(二)瓜果

瓜果不但是观赏龟的好饲料,也是预防龟疾病的好中药,如和人工配合饲料混合用,添加比例为当天饲料量的10%～20%,如直接投喂,应先清洗干净后切块投喂。现把观赏龟常用的瓜果介绍如下。

1.西瓜

为葫芦科植物西瓜的果实。西瓜富含糖、蛋白质、氨基酸、苹果酸、番茄素、维生素C等物质。西瓜中的糖有很好的解毒作用,而苹果酸有很好的适口性,西瓜还有利尿解毒的功效。

2.苹果

为蔷薇科植物苹果的成熟果实。苹果富含苹果酸、蛋白质、糖类、奎宁酸、酒石酸、鞣酸及各种维生素。研究表明,苹果有补脑补血、安眠和解毒的作用。苹果味甘、微酸,性凉。具生津止渴、益脾止泻的功效。

3.橘子

为芸香科植物多种橘类的果实。橘含丰富的维生素C、维生素A、蛋白质和糖类。此外,还含丰富的枸橼酸,鲜橘皮还含橙皮甙、柠檬酸、柠檬萜的有效成分。橘中的维生素C,有很好的抗氧化作用。皮晒干后即为陈皮,可起到帮助消化、增进食欲的作用。橘味甘、酸,性温。具有疏肝理气、消肿解毒的功效。

4. 梨

为蔷薇科植物白梨或秋梨的果实。梨含丰富的有机酸、葡萄糖、蛋白质和各种维生素，这些物质有营养和解毒作用。梨味甘、微酸，性凉。具有生津止渴、解毒的功效。可作食物的解毒剂，如当龟氨中毒时可和葡萄合用榨汁，以干饲料量10％～15％的比例拌入投喂，有较好的解毒与恢复体质的效果。平时添加，可作B族维生素缺乏的补充，从而达到防病目的。用量：用鲜品以干饲料量5％的比例榨汁添加。

5. 猕猴桃

为猕猴桃科植物猕猴桃的成熟果实。猕猴桃富含各种维生素，其中，维生素C是苹果的20倍。此外，还有糖类、蛋白质和微量元素。猕猴桃有防治肝炎的作用。常食猕猴桃，还可避免亚硝酸胺的产生，因亚硝酸胺是一种致癌物质。猕猴桃味甘、酸，性寒，具有生津和胃的功效。

6. 香蕉

为芭蕉科植物甘蕉的果实。香蕉的营养非常丰富，每百克果肉中含蛋白质1.2克，脂肪0.5克，碳水化合物19.5克，粗纤维0.9克，钙9毫克，磷31毫克，铁0.6毫克，还含有胡萝卜素、硫胺素、烟酸、维生素C、维生素E及丰富的微量元素钾等。香蕉是陆龟喜欢的食物之一。

7. 菠萝

为凤梨科植物菠萝的成熟果实。菠萝含糖类、多种维生素和有机酸。菠萝果汁中还含有菠萝原酶，这种物质能在消化道内分解蛋白质，故能帮助富含蛋白质食物的消化吸收。菠萝还有消水肿和抗炎的作用，故在治疗龟感染性疾病时与抗生素合用，有提高疗效的作用。

8. 草莓

为蔷薇科植物草莓的成熟果实，草莓富含糖类、维生素、氨基酸、柠檬酸、苹果酸和微量元素。草莓是一种低热能、多营养的滋补佳品，故有“果中皇后”之称。草莓具有生津健脾的功效。

第三章　观赏龟的家庭饲养

第一节　水栖性观赏龟类的家庭饲养

水栖性观赏龟类是我国家庭饲养观赏龟中数量最大的一类，水栖性观赏龟不但易养好看，养大后也具有食用价值，有的还有很高的药用价值，所以本书主要介绍水栖性观赏龟类的家庭饲养。

一、红耳龟、黄耳龟的家庭饲养

这两种龟的习性和观养要求差不多，所以一起介绍。

（一）红耳龟、黄耳龟的形态特征

红耳龟，别名巴西翠龟、七彩龟、秀丽锦龟、麻将龟等。原产地主要分布在美国南部及墨西哥东北部。

红耳龟头部较大，吻端稍突出，头部光滑无鳞。头部绿色，具数条淡黄色纵条纹，眼后有 1 条红色宽条纹，故也叫红耳彩龟。背甲绿色，具数条淡黄色与黑色相互镶嵌的条纹。

背甲椭圆形。腹甲淡黄色，布满不规则深褐色斑点或条纹。四肢绿色，具淡黄色纵条纹。尾短。

黄耳龟，别名黄耳彩龟，原产地主要分布在美国东海岸平原。

黄耳彩龟头部绿色，具淡黄色纵条纹，眼后有一条淡黄色宽条纹，故叫黄耳龟。背甲绿色，具无数淡黄色与黑色镶嵌的纵条纹。腹甲与红耳彩龟花纹相似。四肢绿色，具淡黄色纵条纹。尾部黄绿色条纹相互镶嵌，较短。

(二)红耳龟、黄耳龟的生态习性

1. 红耳龟的生活习性

红耳龟对环境的适应能力较强，喜静怕噪，喜洁怕脏，喜暖怕寒，常在风和日丽的天气趴在岸边晒背。生性活泼、好动，胆子小。其活动随环境温度的变化而变化，较适温度为20～32℃，温度降至14℃以下时停止摄食，降至11℃以下时进入冬眠。红耳龟食性杂，较喜食动物性饵料，如红虫、面包虫、水蚯蚓、蝇蛆、小鱼虾、螺蚌肉、蚕蛹、牛肉、羊肉、瘦猪肉及动物加工下脚料和蛋类等，也摄食植物性饲料，如米饭、麦粉、黄豆饼、瓜果、蔬菜等，没有食物时也较耐饥饿。红耳龟生长速度较快，如一只重6克的稚龟，在水温稳定在30℃左右的水体中养殖38天，体重可达到50～60克，5月初转入室外自然水体中养殖，至11月下旬，一般体重达350克以上，至翌年10月底，一般个体重可达750克左右。不过在室内饲养，为了延长观养时间，一般不要求其长得很快。

2. 黄耳龟的生活习性

在自然环境中，黄耳彩龟喜欢生活在河流、湖泊、沼泽等地。黄耳彩龟在野生环境中喜食动物性饵料，如小型鱼虾和蚯蚓等，也采食鲜嫩瓜果、菜、草。人工饲养可投喂鲜鱼、虾、鸡肝和新鲜的瓜果蔬菜及人工配合饲料。

（三）红耳龟、黄耳龟的繁殖习性

红耳龟、黄耳龟的繁殖习性差不多，在自然条件下，红耳龟、黄耳龟的性成熟年龄一般在 4～5 龄。但经人工加温饲养，2 龄时体重已达到与常温养殖的差不多，但因性成熟还不完全标准，所以仍不能产卵，或个别产卵受精率也不高，所以必须经过 2 夏的室外培育。在自然条件下，长江流域，5～9 月份为其繁殖期，夏至前后为产卵盛期。1 年可产卵 3～4 次，每次产卵 3～19 枚，年均产卵量 40～70 枚，最高可达 90 枚。产卵多在黄昏至黎明前进行。

尾长的为雄性

(四)红耳龟、黄耳龟的室内饲养

1. 种苗选购

当龟饲养设施建好后,就要选购红耳龟进行放养,由于选购红耳龟质量的好坏直接影响以后的饲养,所以选购应掌握好以下几点要领。

(1)品种要纯正

红耳龟和黄耳龟之所以叫彩龟是因其体色比较艳丽,所以红耳龟和黄耳龟是目前我国家庭饲养较多的观赏龟,但由于有些地方引进后不注意提纯保种,在新的环境中品种有些退化,特别是有些养殖场为了达到生长快的目的和其他品种进行杂交,这样红耳龟和黄耳龟的体色和形态就有很大的变化,所以目前市场出现和原产地纯真品种有较大差异的红耳龟和黄耳龟,挑选时要引起注意。看红耳龟时,一是要认准体背的背甲绿色,具数条淡黄色与黑色相互镶嵌的条纹;二是认准头部为绿色,具数条淡黄色纵条纹,特别是眼后有一条红色宽条纹,这眼后有一条红色宽条纹是关键,因红耳龟是由这一眼后红色宽条纹得名。而看黄耳龟应特别留心眼后有一条淡黄色宽条纹。

(2)体质要健康

看红耳龟和黄耳龟是否健康,一是观察它的活力,方法是把龟翻过来腹部朝上,看它四肢活动情况,如四肢活动无力甚至不动,说明是有病,如果活动很快甚至能极力地翻过来,这就是健康的表现。二是看体表有无破伤和病灶，如有就不应该养。三是看反应是否灵敏，一般水栖龟类在水中时，只要触动头部一下，就会马上把头缩到甲板里，否则就有问题。

(3)规格要适中

家庭室内饲养红耳龟和黄耳龟，规格一定要适合，太小既难养观赏性也差，太大数量上会有些限制，所以家庭饲养红耳龟和黄耳龟的个体规格室内缸养以50～200克为好。

2.种苗放养

(1)放养前准备

当室内饲养缸中的各种设施布置好后，放上水就可以准备放养，但在放养前还应做好以下准备。

一是饲养的水不能直接用自来水和外河水，这些水都必须经过处理才能用，因自来水里有较浓的消毒剂味道，而红耳龟和黄耳龟对异味比较敏感。方法是把自来水先放到盆里到太阳底下暴晒一天，这样既能散发异味，还能提高温度。外河水则要经过严格的过滤，因外河水中会有大型寄生虫，过滤最好是用5毫米左右的粗沙铺成20厘米厚的过滤层进行过滤。也可用专用生物网过滤。水处理好后，最好是把经过处理的自来水和外河水各一半掺和后再放到缸或池里，这样水有一定的颜色，龟放养后会感觉安全，适应环境会比较快。

二是把水温调到和要放养的室内和庭院的温度一致，切不可温差太大，一般要求不超过±5℃。

(2)放养密度制定

红耳龟和黄耳龟的室内饲养密度,一般每平方米面积放养数量:个体规格 50～100 克的 10～15 只,100～200 克的 8～12 只为宜。

(3)放养

放养前龟体要求用市售的聚维铜碘体表消毒药按说明要求药浴 10 分钟,放养时不要把龟直接放到水里,而应先把龟放到缸中栖息的岸上让其自行爬到水中。

3. 饲养管理

红耳龟和黄耳龟室内饲养管理主要是日常投喂与去污换水两项。

(1)日常投喂

为了达到室内饲养的好效果,投喂红耳龟和黄耳龟的饲料最好用鲜活的小鱼虾,这种饲料喂养红耳龟不但色泽好看,排出的粪便也少,投喂的小鱼虾在投喂前要用 3% 的盐水杀死消毒,否则活的鱼虾放到水里就游走了,龟就吃不到,而死的小鱼虾如不经过消毒会带入一些水生生物的疾病,同样会感染龟引发疾病。除了鲜活小鱼虾,市场上销售的浮性配合颗粒饲料也很好,投喂饲料一般 1 天 1 次,千万不要喂太多,否则多吃、多排会破坏水质,也不要求室内观赏的龟长得太快,因长得太快,反会影响观赏价值,投喂后 2 小时清理残饵。

(2)去污换水

去污换水是饲养红耳龟和黄耳龟的管理工作之一,当室内观养缸中的水变得稍浑时,应及时换掉,一般情况下5～8天换一次,当然也要看实际情况而定。也有采用每天用虹吸管吸掉缸底的粪便来减少换水次数,效果也很好。

观养缸内的红耳龟

(五)红耳龟、黄耳龟的庭院饲养

1.种苗选购

庭院饲养的种苗选购标准可参考室内饲养的种苗选购部分内容,但因庭院饲养的面积比室内饲养要大,环境也好些,所以个体规格可选的灵活些,并可大小同养,所以选时一般50克的苗至1 000克的成熟亲龟都可。

2.种苗放养

庭院放养池在放养前1周就应进行池塘消毒,方法是用

0.5%浓度的漂白粉水泼洒消毒，泼洒时要求洒到每一个角落和一些辅助设施及点缀景物，约2天后就可放养。

室外庭院池养每平方米放养的数量可按规格大小确定，一般50～250克之间为15只，250～1 000克之间为5只。由于室外池中有一些景观建筑，龟在正常情况下都会爬到这些建筑上，所以相对增加了栖息面积，如果放养密度太低，就不易在面上见到，起不到饲养的效果，所以放养密度反要比常规的养殖要大些。室外庭院因场所较大，在放养时可以大小搭配放养，一般为300克以下的占总数50%，300～750克的占25%，750克以上的占25%。

红耳龟和黄耳龟放养前都要用1%浓度的盐水浸泡5分钟，或用市售的聚维铜碘按说明要求进行龟体消毒。放养时不要直接放到水里，这样龟容易呛水，而应先放到栖息物上，然后由龟自已爬到水中。

3.饲养管理

(1)投喂

室外庭院观养应设饲料台，饲料台一般设在假山边上较隐蔽处，也是投喂后2小时清理残饵，投喂量为龟体重的1.5%。

(2)换水

庭院换水一般因在室外，池水较多面积较大，而且水质受气候影响会有变化，所以有条件的可采用小流量长期流水法来保持水体良好，如无条件采用流水的，一般以水体透明度低于 25 厘米时换水，换水量为总水量的 1/3。

4. 产卵孵化

由于室外庭院观养饲养的红耳龟和黄耳龟数量相对较多，又在室外自然环境中饲养，所以它们的生长和成熟几乎与野生龟差不多，所以当经过 4～5 夏龄的饲养，体重达到 750 克以上时，就会产卵。一般每天早上 4 点开始产卵，6 点结束，就可把当天产的卵采集起来进行人工或自然孵化。

龟卵

孵化可用搪瓷盆，也可用木箱，木箱高 20 厘米，大小可按蛋的数量而定。放卵时先在箱底部放 5 厘米厚的细沙子，然后把龟卵白色的受精面朝上整齐排放在沙中，再盖上 15 厘米沙子即可。一般因数量较少，所以孵化都采用用自然孵化的方式，即把孵化箱放在室内进行常温孵化。龟卵在孵化过程中，每隔 2 天检查一遍，如发现沙子干燥发白，可喷少量清水，一般经过 60～70 天就能出孵小龟苗。刚孵出的龟苗，一般要暂养 1 天，不要急着投喂，1 天后可投喂些鸡蛋黄或鸡肝等食物进行培育或出售。

二、乌龟的家庭饲养

乌龟别名中华草龟，乌龟分布在我国各地，但西北和东北数量较少。

乌龟在我国养殖量最大，也是我国本土的观赏龟，在我国还有台湾草龟。乌龟是我国传统的美食补品，也是我国主要食用龟之一，家庭饲养乌龟，不但好养也很有情趣，所以我国饲养乌龟的家庭越来越多。

(一)乌龟的形态特征

乌龟头部橄榄绿色，背甲棕色，背甲中央隆起，体呈椭圆形，颈盾前宽后窄。上喙不呈钩状，眼后至颈侧具黑色、黄绿色相互镶嵌的纵条纹 3 条。腹甲棕灰色，每块盾片具大块黑色斑，后缘缺刻较深。四肢灰褐色，扁平，指、趾间具爪。雌性尾短，雄性尾长。乌龟的雄性相对个体较小，体呈黑色。

(二)乌龟的生态习性

乌龟多半时间生活在水中，只有在觅食、休息、晒背、产卵时才到陆地上活动。以肺进行呼吸，而平时呼吸空气并不爬到陆地上，只是将鼻孔伸出水面。

乌龟喜静怕噪，喜洁怕脏，喜暖怕寒，爱群居，性愚钝、怯懦。在生长季节白天多在水中戏游、觅食，晴暖天气喜在水中的树枝或岩石上晒太阳，当听到响声时，便立即滚入水中，夜晚爱爬上岸或在水草丛中、稻田里觅食，遇有敌害便会将头、足、尾缩入壳中，等到确实安全时才敢伸头露尾，继续爬行。乌龟的生活随着季节、温度的变化而变化。气温下降到10℃以下时，即潜伏于水底泥土中或钻入岸边的洞穴中，不吃不动，进行冬眠。整个冬眠期乌龟也会消耗一定的体能，苏醒后体重会有所减轻。翌年春季当气温回升到15℃以上时开始活动，升高到18℃以上开始摄食。乌龟生长适温为25～32℃，炎夏当气温高于35℃时，则又隐蔽在沿水的洞穴中避暑。乌龟对水质要求不太高，但要无毒、无污染，并以pH 7～8，水体溶氧量在3毫克/升以上，透明度在20～25厘米为好。

乌龟虽为杂食性动物，但以动物性饵料为主。在自然环境中，以小鱼、小虾、蠕虫、蝼蛄、蝇蛆、蚯蚓、螺、蚌、蚬、水旱草的嫩叶、杂草的种子、蔬菜等为食。在人工饲养条件下，也摄食投喂的一些肉类、动物内脏、黄粉虫、瓜果以及人工配合饲料等。乌龟的摄食强度随季节、温度的变化而变化。春季水温在18℃以上开始摄食，6～9月份为摄食旺季，10月份后摄食量逐渐减少。春、秋两季气温较低时，乌龟多在中午前后摄食，盛夏季节气温较高，乌龟上午活动较少，摄食一般在傍晚进行。乌龟的摄食方式，通常是咬住食物潜入水下吞咽。乌龟有较强的耐饥饿能力，几个月甚至几年不摄食也不会死。

（三）乌龟的繁殖习性

在自然条件下，乌龟一般5～6龄性成熟。每年华南地区4～5月份及9～11月份，华东地区5～6月份及9～10月份，气温 20～25℃时交配。雄龟的精子在雌龟的输卵管中能存活180多天时间。乌龟秋季交配，可隔年在体内受精。乌龟多在晴天的傍晚、久晴无雨或久雨转晴时交配。乌龟发情时，在水面上浮动划水或在塘埂、湖边爬行，显得很兴奋、灵活。有的雄龟在雌龟后追逐，有的在雌龟四周打转拦截，有的与雌龟的头相贴近，有的用前肢搔挠雌龟躯干。交配时，雄龟伏在雌龟背上，雌龟不动；在水中交配，则可见雌雄龟上下翻滚。交配时间一般只有几分钟。

一般5月份开始产卵，6～8月份为产卵高峰期，9月底基本结束。乌龟为分批产卵类型，雌龟每年产卵3～4次，每次产卵3～7枚，少数2枚，多的可达10枚。每次间隔10～30天。产卵多在黄昏至黎明前进行。产卵前，雌龟爬上产卵场，选择土质疏松、湿润、安全、隐蔽的地方，如树根旁、杂草丛中进行挖穴。挖穴时，雌龟前肢立定，两后肢交替向外扒土。乌龟挖穴需要4小时左右，挖成的洞穴大小一般在8～10厘米，深9～12厘米。乌龟挖穴时，刚挖不久就受惊动，便会改变行动另辟途径，但如洞穴快要挖成或要产卵时，即使惊动它也不会离开，待环境平静后会继续挖穴、产卵，但这样的惊扰会影响下窝产蛋的数量，乌龟穴挖好后，龟稍作休息即开始产卵于穴中，每4～5分钟产卵1枚，产完后，乌龟会用尿液把干土弄湿然后用腹甲把封好洞口的土拍实压平后再离去。产卵一般在黎明前完成。

(四)乌龟的室内饲养

1.种苗选购

乌龟的室内饲养不但可缸养，也可在室内地上搭个小窝直接饲养，所以在选购种苗中除了标准要和红耳龟的要求一样，规格不能太小，起码要求在100克以上，最大不超过300克，这样的乌龟苗种适应性快，活动能力强，不但好养，也有观赏性。

2.种苗放养

在乌龟的种苗放养前要先做好饲养缸和窝的准备工作，首先是饲养缸的消毒，可用1%的盐水浸泡一夜后倒出盐水，然后装好缸中设备和点缀物，最后放好水等待放养。放养时龟体用市售的聚维铜碘按说明要求进行药浴10分钟，放养时不要把龟直接放到水里，而应先把龟放到缸中栖息的岸上，让其自行爬到水中即可。

3.饲养管理

乌龟室内饲养的管理主要是日常投喂与调好水质两项。

(1)投喂

乌龟室内饲养投喂的饲料有鲜螺肉、鲜活小鱼、虾和人工饲料，有的也喂人平常吃的米饭。但这些饲料中以人工配合颗粒饲料为最好，因其不但营养全面，保存和投喂都比较方便，而且消化吸收也很好，排出的粪便也很少。如是投喂小鱼虾必须在投喂前要用3%的盐水灭菌消毒。室内饲养乌龟一般1天投喂1次，投喂后2小时清理残饵，如是地上饲养，可用食盆装饲料投喂，并及时清理即可。

(2)调节水环境

和饲养红耳龟、黄耳龟的管理一样，当室内观养缸中的水变得稍浑时，应及时换掉，一般情况下饲养乌龟要5天换一次水，当然也要看实际情况而定。也可采用虹吸管每天吸掉缸底的粪便来减少换水次数，效果也很好，另外要求1个月彻底换一次水，换水时把饲养缸和点缀物都清洗一遍后再装新水放养。

(五)乌龟的庭院饲养

1. 种苗选购

乌龟的庭院饲养无论是采用楼顶还是院中池塘，选购的苗种可以多样化，规格也可以大小分开，基本方法与养红耳龟相似，但最好雌雄搭配好放养，比例为1雄2雌。

2. 种苗放养

乌龟放养密度为每平方米50～250克放养20只，250～750克放养10只。放养前都要用1%浓度的盐水浸泡5分钟,或用市售的聚维铜碘体表消毒药按说明要求药浴 10 分钟,给龟体消毒,其他方面基本同放养红耳龟。

3. 饲养管理

(1)投喂

乌龟室外庭院饲养的投喂不同于室内,投喂应设饲料台,饲料台一般设在假山边上较隐蔽处,为防止其他鸟类飞来吃料,应在饲料台上设防护网,乌龟室外投喂的饲料很多,如人工配合颗粒料、新鲜的动物性饲料和一些瓜果、菜、草乌龟都爱吃,也不用采取节食措施,按正常生长投喂就可。一般正常气候每天投喂 2 次,上午投喂人工饲料或动物性饲料,投喂量为龟体重的 1.5%;下午投喂植物性饲料,投喂量为龟体重的 10%。投喂后 2 小时清理残饵。

(2)换水

庭院换水一般因在室外,池水较多,面积较大,而且水质受气候影响会有变化,所以有条件的可采用小流量长期流水法来保持水体良好,如无条件提供流水的一般以水体透明度低于 25 厘米时换水,换水量为总水量的 1/3,为了减少换水,一般在池中种植大量的观赏性水生植物,以美化环境和改良水质,效果也很好。

(六)乌龟的产卵孵化

室外庭院观养饲养的乌龟的生长与成熟与红耳龟和黄耳

龟差不多,当其年龄达到 4～5 夏龄,体重达到 500 克以上时,雌龟就会产卵。一般每天早上清晨开始产卵,太阳出来就结束,乌龟当天产的卵一般清晨产,下午采集,采卵时轻轻的挖开沙穴,把白色的受精面朝上然后移到室内孵化。

乌龟卵

孵化可用搪瓷盆,也可用木箱,木箱高 20 厘米,大小可按蛋的数量而定。放卵时先在箱底部放 5 厘米厚的细沙子,然后把龟卵白色的受精面朝上整齐排放在沙中,再盖上 15 厘米沙子就可。一般因数量较少,所以孵化都采用用自然孵化的方式,即把孵化箱放在室内进 行常温孵化。龟卵在孵化过程中,每隔 2 天检查一遍,如发现沙子干燥发白,可喷少量清水,一般经过 60～70 天就能出孵小龟苗。刚孵出的龟苗,要暂养 1 天,不要急着投喂,1 天后可投喂些鸡蛋黄或鸡肝等食物进行培育或出售。

三、中华花龟的家庭饲养

中华花龟别名斑龟，主要分布在我国华东、华南和西南诸省。

花龟是比较好养的观赏龟类，所以我国家庭饲养花龟的品种比较多。由于花龟肉质鲜美，又营养丰富，祖国医学记载还具有滋阴降火、补心肾、壮筋骨等功效，也是我国传统的中药材，所以市场上较为畅销。

(一)花龟的外部形态

中华花龟头较小，头颈、四肢及尾等有黄色纵细纹。吻锥状，突出于喙端，边缘呈细锯齿状。背甲栗色，具3条明显的脊棱。颈盾单枚，呈梯形或长方形，缘盾两侧略上翘。各盾片均具同心纹。腹甲平坦，淡黄色，有栗色斑。甲桥明显。甲肢扁圆，指(趾)间全蹼，前肢5爪，后肢4爪。尾长，渐尖细。

(二)中华花龟的生态习性

中华花龟适应性广，生命力强。常栖息于小河塘中。喜静，受惊后即潜入池底。有群居性，一般2只穴居在一起，多时1穴有 7～8只。性情较温驯，不爱争斗，不咬人。高温季节白天较少活动，傍晚则活动频繁。气温低于20℃时基本不吃食，6～10月份为摄食旺季，11月份后食量渐减，直至进入冬眠。其食物有小鱼、小虾、蚯蚓、螺、玉米、高粱、南瓜、水草和人工配合饲料等。

(三)中华花龟的繁殖习性

在自然条件下,中华花龟体重达 250 克以上时开始交配、产卵。4～8 月份是产卵期,其中 6～7 月份为产卵高峰期,年产卵 3 次,每次产卵 3～4 枚。卵白色,长椭圆形。

(四)中华花龟的室内饲养

1. 种苗选购

选购中华花龟的苗种,除了品种要纯真,体质要健康外,规格不要太大,因花龟生长也较快,所以花龟的个体规格室内缸养以 50～300 克为宜。

2. 种苗放养

同样,花龟在放养前应做好养缸的消毒和设施布置,等放好水后再放养,放养密度为每平方米 20 只,如果是盆养,每平方米放养 25 只,同样盆中应放些假山等点缀物,也可以与别的观赏鱼类一起混养,以增加观赏性。

3. 饲养管理

(1)投喂

花龟也是以动物性饵料为主的杂食动物,而且食量不大,所以投喂一般以新鲜的小鱼虾为主,也可一天喂鱼虾隔天喂瓜果等植物性饲料。一般每天喂一次,如是夏天可在晚上再少量补喂些,投喂量以当餐投喂后 1 小时无剩饵来进行调节,如有剩饵，第二天就减少 10%，如吃光第二天就加 10%。

(2)水质管理

保持饲养缸的水质是健康养殖的关键，和其他龟类一样，一般要求 5～6 天换 1 次水，如水较浑浊，就换 2/3，如不太浑浊就换 1/3，不要全部换掉，同样 1 个月后要求彻底清洗一次养缸或养盆，以保持观赏缸的清洁。

(五)中华花龟的庭院饲养

1. 种苗选购

庭院饲养中华花龟有条件的应选大规格的养，当然也可大小混养，一般规格以 50～500 克为好，同样选购时要求无病、无伤、身体健康，活力强、反应灵敏的龟种。

2. 种苗放养

放养前应做好饲养池塘的消毒工作，消毒一般可用市售的渔业用消毒剂按说明要求使用，等放好水后就可放养，中华花龟的放养密度如是大小混养，一般为每平方米 12 只，如是 250 克以下的每平方米放养 20 只，如是 250 克以上的每平方米放养 10 只，由于 250 克的很快会长成成熟亲龟，所以放养时应配好雌雄比例，花龟的雌雄比例与草龟一样，为 2 雌 1 雄搭配。放养前龟的体表要求用市售的聚维铜碘体表消毒药按说明要求药浴 10 分钟，进行龟体消毒。放养时不要直接把龟倒入水中，应先放在池中布置的石岸上，然后让它自行爬到水中。

3. 饲养管理

（1）投喂

室外庭院饲养的花龟和正常池塘养殖差不多，要求每天投喂 2 次，春秋第一次是在上午的 9 点，夏季是上午的 6 点，第二次春秋是下午的 4 点，夏季是下午的 7 点。饲料以动物性饲料为主，也可喂人工配合饲料，有些地方也用甲鱼饲料投喂，但要控制投喂量，否则易发胖，投喂量鲜活料以花龟总体重的 10％左右比例给予，人工配合料以龟总体重 1％的比例。饲料投喂应在设好的饲料台上，不要到处乱投，或直接散投在水中，这样不但造成浪费，也易破坏水环境。一般投喂后 2 小时清理残饵。

（2）换水

庭院换水一般因在室外，池水较多面积较大，而且水质受气候影响会有变化，所以应适当换水来保持水体良好。花龟池塘一般要养些水草，以美化环境和净化水质，所以换水的次数一般较少，但当水体透明度低于 20 厘米时一定要换水，特别是夏天天气较炎热时，要求换水的水温差以不超过 3℃为好，一次换水量要求不超过总水量的 1/2，当然有条件的可在水池中安装喷水式增氧机，可减少换水次数。

(六)中华花龟产卵孵化

当花龟经过4～5夏龄的饲养,体重达到500克以上时,就会产卵。一般成熟亲龟每天清晨开始产卵,太阳出来结束,也有少数在傍晚产的,一般上午产的卵下午采好些,采后应把当天产的卵及时装箱或盆,进行人工或自然孵化。

少量花龟卵的孵化和其他龟类一样,可用搪瓷盆,也可用木箱,木箱高20厘米,大小可按蛋的数量而定。放卵时先在箱底部放5厘米厚的细沙子,然后把龟卵白色的受精面朝上整齐排放在沙中,再盖上15厘米沙子就可。孵化可采用用自然孵化的方式,即把孵化箱放在室内进行常温孵化。龟卵在孵化过程中,每隔2天检查一遍,如发现沙子干燥发白,可喷少量清水,一般经过70天左右就能出孵小龟苗。刚孵出的龟苗,一般要暂养一天,不要急着拿到池塘去养,而应在大盆或小水泥池中进行培育后才可放到池中养殖。而卵比较多的情况下可采用人工加温孵化。人工孵化是在小型人工孵化箱内进行,箱内设有孵化架可放卵箱,还有加温的红外线灯泡,孵化时把箱内的温度控制在31℃,卵箱中的卵的摆放方法同自然孵化一样,孵化期间如发现卵箱中的沙子干燥发白,可喷少量清水以调节湿度。人工孵化可提高孵化率和缩短孵化时间。

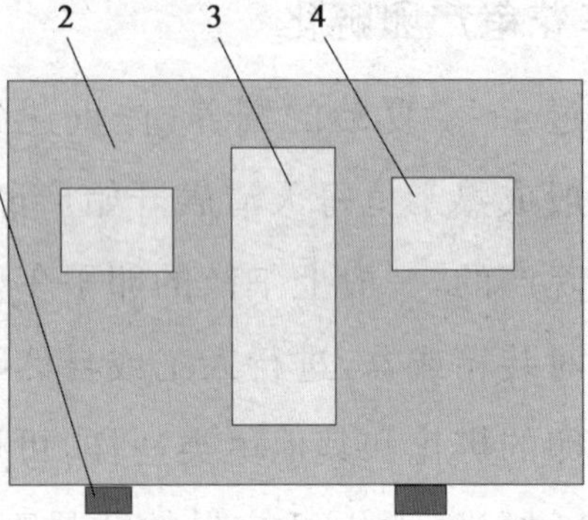

1.柜脚　2.柜体　3.柜门　4.玻璃观察窗

观赏龟人工孵化柜外形

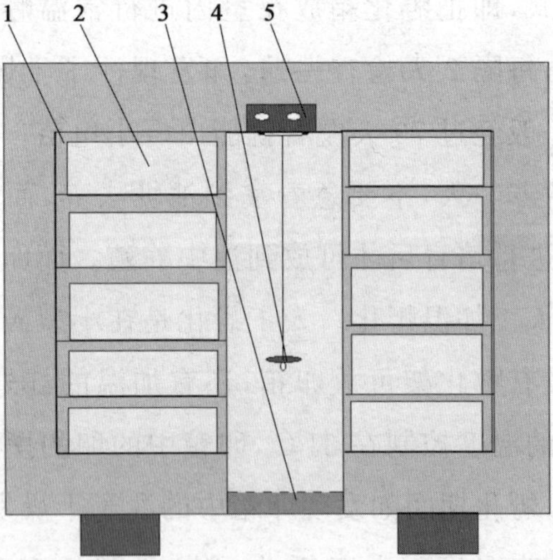

1.孵化箱架　2.孵化箱　3.集稚龟沟水层(5 厘米)

4.红外线灯　5.电源与控制

观赏龟人工孵化柜的内部结构

四、平胸龟的家庭饲养

我国目前家庭饲养的平胸龟有两种，虽然它们的形态有些差异，但习性和饲养方式差不多。在我国养殖平胸龟的人越来越多，市场价格也节节攀高，所以平胸龟是一种很有市场前景的观赏龟类。

（一）平胸龟的形态特征

1. 中国平胸龟

中国平胸龟别名鹰嘴龟，主要分布在我国华东、华南、西南诸省与港澳地区。

中国平胸龟头部棕黑色，较大，呈三角形，不能缩入壳内，上喙钩形，似鹰嘴状。背甲棕黑色，椎盾有放射状黑纹，长椭圆形，背甲扁平，前缘中部凹入，后缘不呈锯齿状。腹甲橄榄绿色，近似长方形，颈盾极短但较宽，具有下缘盾。颈部棕黑色，较短。四肢棕色，具有鳞片，指、趾间具蹼，前肢 5 爪，后肢 4 爪。尾长，具环状排列的长方形鳞片。

2. 泰国平胸龟

泰国平胸龟别名鹦鹉龟，主要分布在泰国。我国引进的大多在华南、华东一带。

泰国平胸龟头部棕色，较大，呈三角形，不能缩入壳内，上喙钩形，似鹰嘴状，头侧部有深棕色条纹。背甲棕色，长椭圆形，扁平，前缘中部凹入，颈盾极短但较宽，后缘不呈锯齿状。腹甲棕黄色，中央具棕绿色斑纹，腹甲近似长方形，具有下缘盾。颈部淡棕色，较短。四肢棕色，具有鳞片，指、趾间具蹼，前肢 5 爪，后肢 4 爪。尾长，具环状排列的长方形鳞片。

(二)平胸龟的生态习性

在自然界中，平胸龟栖息于山区和丘陵地区有水的溪流和水潭附近。喜昼伏夜出，白天躲在树叶下、石洞中休息，夜间外出食。平胸龟性情凶猛，爬跑能力极强。但多数时间很安静，喜欢在浅水处，眼微闭进行日光浴，连续几小时几乎一动不动，如果有小鱼从眼前游过，它会出其不意地发起攻击，大嘴一张就将小鱼咬住，三口两口就吞下，很少落空。平胸龟在水面游泳时，四肢划水，尾部末端翘起，很是灵活。平胸龟喜分散隐蔽活动，不喜群居。每年 6～9 月份是平胸龟主要生长期，10 月份后随气温的降低，逐渐进入冬眠期，冬眠在深水地带。

平胸龟为肉食性龟类，尤喜活食。无论是陆地上的小虫，还是水中的鱼、虾、青蛙、蝌蚪，它都爱吃。平胸龟尤其喜欢在水中捕食，在水中它的捕食能力强于其他龟类。但捕食方式是守株待兔式，即在水中的隐蔽处等待食靠近物，一旦捕到食物，它会用尖利的喙将食物咬断，有时也借前爪的力量将食物撕断再吞。平胸龟食量虽小但对食物要求较高，一般腐烂的食物是不吃的，由于食物的限制，在自然界平胸龟生长很慢。

一般年仅增重15克左右。人工驯养成功后生长快了许多，但也较红耳龟和乌龟要慢。

(三)平胸龟的繁殖习性

在自然野生条件下，平胸龟6龄才能性成熟，多在春、秋两季交配，5～9月份为产卵期。其中6～7月份为产卵高峰期，雌龟产卵多在黎明和黄昏，一般初产的可延至翌日晨8点左右。产卵在水岸边的沙土坑中，雌龟自挖产卵坑，产完卵后盖好离去。平胸龟每年产卵1～3次，每次1～3枚。卵较小，椭圆形，壳白而薄。

(四)平胸龟的室内饲养

1.种苗选购

和其他龟类一样，选购平胸龟的种苗不但要注意质量还要注意适合室内饲养的规格。质量主要是要求平胸龟平时吃食正常，活动自如，反应灵敏，体表无病无伤。规格一般要求在100～200克。选购时最好是人工繁殖的家养平胸龟，初养者最好不选野生平胸龟，因野生的平胸龟驯养很难，弄不好容易死亡，再说野生平胸龟受国家保护，来路也有问题。区别野生和家养的方法很简单，只要喂点鲜活的动物性饲料，如家养的喂后只要人走开几分钟就会吃食，而野生的一般不会马上吃食。

2.种苗放养

放养前做好养缸或养盆的准备工作，如消毒、布置点缀景物、装好水等，放养前龟体用消毒剂消毒，放养密度 100 克以下的为每平方米 20 只，200 克以上的为每平方米 12 只。

3. 饲养管理

(1)投喂

平胸龟以动物性饲料为主，如鲜活小鱼、鸡肝和黄粉虫等，也要喂些人工饲料和果块，所以饲料的搭配投喂很重要，一般室内饲养每天投喂 1 次，如是夏天可在晚上 8 点左右再补 1 次饲料。

(2)调水

及时吸出残饵和粪便是保持水体的最好办法，一般情况下尽量少换水，如实在需要换时，换水量也以不超过整体水量的 1/2 为好。

由于平胸龟个体较小，加之比较精贵，所以很少有家庭进行庭院饲养的，故不再介绍庭院饲养的内容。

五、金钱龟的家庭饲养

金钱龟学名三线闭壳龟，主要分布于我国华南与港澳地区，国外主要在东南亚地区。

金钱龟是名贵观赏龟，我国华南地区和港澳台比较富裕的家庭饲养比较多，金钱龟的价值主要是它的文化，因其有金钱归来的寓意，所以深受一些华侨家庭的喜爱，金钱龟由于价格很高，一些地方作为投资性家养，如目前一个 10 克左右的金钱龟苗售价在万元左右。目前家庭饲养金钱龟的也越来越多,但因其是高端产品,一般都处于有价无市的状态,所以一般家庭不应跟风,还需谨慎。

(一)金钱龟的形态特征

金钱龟头顶部金黄色或灰黄色,头较细长,顶部光滑无鳞,上喙略呈钩形,喉部、颈部浅橘红色,头侧眼后有褐色菱形斑块。背甲棕红色,具3条黑色条纹,中央一条较长,两侧较短,背甲长椭圆形,背甲前后缘光滑不呈锯齿状。腹甲四周黄色。背甲与腹甲间、胸盾与腹盾间均借韧带相连,龟壳可完全闭合。腋部、胯部橘红色,四肢背部淡黑褐色,腹部浅橘红色,指、趾间具蹼。尾灰褐色,较短。

(二)金钱龟的生态习性

在自然界金钱龟常栖息于山区和丘陵地带的水域中,喜在浅水或近岸带活动。初春和秋末天气晴朗时爱在太阳下晒甲。夏季的夜间和上午活动较多,下午则隐藏在暗处。金钱龟夏季天气炎热时,会钻入沙堆或淤泥中避暑。金钱龟喜群居和穴居,有时穴中会集聚好多只龟,一般也不会少于2只,且喜住深洞。外出迁移时,常会排成"一"字,雄龟在前,其他龟紧随,多时可达10余只。所以有些捕龟人掌握此规律后,往往会有颇多收获,如越南有传说一天捕到38只金钱龟的趣闻。金钱龟在水中活动时需上浮呼吸,其间隔时间长短与水温及活动量有关。据有关研究,金钱龟在水中水温28℃时需

20分钟左右上浮一次呼吸；水温25℃时约25分钟上浮一次呼吸；而水温低于10℃以下时则可长时间潜于水底不动。所以金钱龟的生长适温为24～32℃。春季水温上升到15℃以上时，开始活动，雄龟活动更早些。在我国华南和西南地区的广东、广西13℃就有活动。而当气温达到36℃以上时，就不再进食，开始蛰伏洞中进行夏眠。当温度低于在10℃时就开始冬眠。金钱龟性情温顺，胆小，很少互咬。遇到敌害时会快速潜入水中，或会很快收紧龟壳进行防御，所以饲养金钱龟的环境一定要安静稳定。

金钱龟是偏肉类杂食龟类，在野生环境中主要摄食昆虫、小鱼虾、螺类等食物，也取食水草、谷物等。在人工养殖条件下，除一般常用的鱼虾，还可摄食多种肉类和人工养殖的动物性饵料，如蚯蚓、河蚌肉、黄粉虫等。此外也喜食些植物饲料，甚至新鲜的水果等。在野生环境中金钱龟喜在傍晚与黎明前摄食，在正常的生长温域内，每天的摄食量为体重的8%左右。最大摄食量是在气温在30℃左右时，可达到体重的15%。

只要环境条件好，金钱龟是一种生长较快的淡水龟，在广东有时甚至超过中华草龟。金钱龟与环境温度和饵料好坏有很大关系。通常每年的6～9月份是金钱龟生长快的时间，华南地区12月份至翌年3月份是冬眠期，华东地区当年11月份和翌年4月份是冬眠期，金钱龟在冬眠期间体重反而下降。

雄龟的生长速度明显慢于雌龟。雌龟体重在250～500克长的最快,但性成熟进入繁殖期后,雌龟生长开始减慢,以后随着年龄和体重的不断增大而减慢。雄龟在体重200～250克时生长最快,但进入交配期因频繁的性行为,生长会相对减慢。

(三)金钱龟的繁殖习性

金钱龟到5龄体重在500克上时开始性成熟进入繁殖期,性成熟的金钱龟每年华南地区4～5月份和9～10月份发情交配,华东地区春秋都稍晚些,一般在水温16～25℃时。由于金钱龟没有发声器官,所以在发情季节,雄龟和雌龟各自靠分泌一种特殊气味来招引异性。雌龟发情时,显得很活泼,而雄龟遇到雌龟后马上显得兴奋,并开始追随着雌龟,或在雌龟的周围打转,有的以头部去触动雌龟的头及肩部,也有的用肢抓雌龟,阻挠其爬行等。经过雄龟相当长一段时间的调情后,雌龟的行动会缓慢下来,雄龟会找正机会很快转到雌龟后面并灵活地腾起前身扑到雌龟背上,用前后肢抓住雌龟背部两侧,或用后肢立地跟爬行,等雌龟不动时,雄龟即伏在雌龟背上交配。交配时间为几分钟,少数金钱龟在交配时,雄龟交配器插在雌龟泄殖腔内充血张开,两龟相连可长达20分钟左右。

金钱龟在5～9月份产卵,多集中在6～7月份,此时的气温在25～32℃,是金钱龟产卵的高峰期。金钱龟产卵多在夜间，产卵前到处爬行，以选择土质疏松、湿润的地方，作为产卵位置。地点选择好后，先蹲约 20 分钟休息，休息好后伸入前肢以固定其身体，然后用后肢轮流扒土挖穴，直至挖成一个深 15 厘米左右，上口径 2～5 厘米的坛形洞穴。穴挖成后，雌龟伏在原地再休息少许就开始产卵。产卵时，前肢撑起，头高昂，后肢插在穴口两侧趴着不动，尾巴正好对准穴 U 形口，并伸入穴中。刚产的卵有从输卵管分泌出来的透明液，壳较软有弹性，入土后开始变硬。金钱龟每产 1 个卵，即用后肢理顺堆好，直至产卵完毕，产完后用后肢轮流扒入一些泥土，将穴口盖得严严实实，有保湿、避光、防蚁害等作用。盖土约需 1 小时，然后在原地休息 10～20 分钟后再离去。在野生环境中金钱龟有返回产卵处护卵的行为，但人工养殖的金钱龟护卵现象很少。金钱龟每年产卵一两次，每次产卵 3～5 枚，多者可达十几枚，卵长圆形。受精卵借助太阳的热量，自行孵化。金钱龟自然孵化的时间比较长，大约需要 90 天。金钱龟的自然孵化率较低，时间又长，所以可用人工孵化。方法是把卵放入孵化箱内，箱长约 60 厘米、宽 15 厘米，高 8 厘米。在箱内放一层细沙，在沙土中放一层龟卵，再在龟卵上撒一层细沙，孵化室内温度控制在 24～28℃，并定期淋水，保持一定的温度和湿度，经过 60～70 天的孵化，就可孵化出小金钱龟来，有条件的也可做人工孵化柜进行人工孵化，效果也很好。

(四)金钱龟的室内饲养

1. 种苗选购

金钱龟是我国目前比较名贵的几种观赏龟之一,目前饲养的大多是经济条件较好的富裕家庭,所以金钱龟的家庭饲养大多数量不会太多,除非是有意通过养殖搞经营的,所以挑选金钱龟要特别慎重。一是挑选时一定要把品种的外部形态搞懂,因越南金石龟幼苗时与金钱龟有些像,价格却差之千里。二是要了解龟的来源,如是做生意经过长途运转的,因长途转运易损伤内部,这样的龟就很容易得病。三是要弄清楚否经过饲养,如经过饲养要搞清楚投喂的饲料和数量。近几年从国外走私的金钱龟很多,有的因质量不好使养龟者遭受了很大的经济损失,所以要特别注意。金钱龟虽然贵重,但却很好养,所以一般只要无病无伤,规格在 20 克以上都可选养。

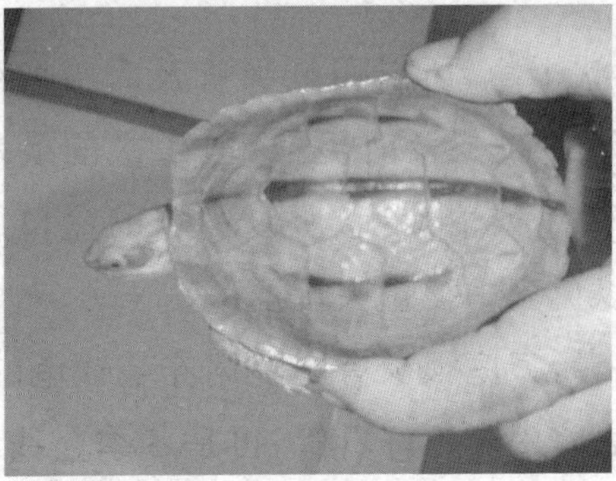

金钱龟幼苗

2.种苗放养

家庭室内饲养金钱龟大多用透明的玻璃盆，一般直径40厘米、深30厘米的玻璃盆可养2～4只，盆里同样要布置些点缀的景物和水草，放养前把盆和点缀物用2%的盐水消毒5分钟，放掉盐水后再布置景物和装水养草，一般水只装20厘米深，然后就可放龟。

3.饲养管理

(1)投喂

金钱龟以动物性饲料为主，所以一般投喂鲜螺肉、鲜小鱼，也有喂鲜鸡肝的，通常1天喂1次，但在夏季一般上午喂1次动物性饲料，晚上再补1次新鲜的瓜果粒，喂的不要太多，以喂后1小时吃完为准，如1小时后吃不完就应及时清出残饵。

(2)调水

金钱龟喜欢干净，所以用虹吸管及时吸取残饵是每天的管理重点，水不好时要及时更换，但1次的换水量以不超过1/3为好。金钱龟很怕惊扰，所以饲养的盆口应盖上带有小孔的玻璃板，以免家中孩童去玩逗龟。

除了经营者，家庭很少有庭院饲养金钱龟的，这是因为金钱龟太贵重，庭院中养不好看管，再是冬季金钱龟在外头越冬会消瘦不少。所以不再介绍金钱龟的庭院饲养。

六、黄喉拟水龟的家庭饲养

黄喉拟水龟别名石金钱龟，主要分布于我国华东、华南及港澳等省市。其中以华南和西南的色彩最为艳丽好看，称为南龟；而华东的色彩较淡，称为北龟。但近年类我国从越南引进不少，而且越南种色彩艳丽，形态好看，生长也快，所以这几年的越南黄喉拟水龟品种在我国繁养很快，特别是广西钦州一带，数量已大大超过了国产的黄喉拟水龟。华东地区的发展也很快，如杭州萧山湘湖生态鳖养殖场目前已拥有黄喉拟水龟种 2 000 余只，是目前我国越南黄喉拟水龟最多的单位。黄喉拟水龟是培育绿毛龟的主要基龟品种，所以黄喉拟水龟是我国今后家庭饲养的重要观赏龟品种。

(一)黄喉拟水龟形态特征

黄喉拟水龟体扁椭圆形。头较小，头背光滑无鳞，呈黄色或黄橄榄色，吻前端向内斜达喙缘，上喙正中凹陷，头腹面及喉部黄色，头侧在眼后至鼓膜有黄色纵纹，鼓膜较清晰、圆形。背甲棕色或棕黄色，上有 3 条纵棱，中央棱明显，两侧的纵棱不明显，背甲边缘整齐，后缘稍呈锯齿状。腹甲浅黄色，前端向上翘，前缘平切，后缘缺刻深，每一盾片的后缘中间有一方形黑褐斑。背、腹甲以骨缝相连，甲桥明显。腋盾窄，胯盾小，喉盾平切，两外侧明显角状。四肢扁平，具宽大鳞片，指（趾）间全蹼，具爪。尾短。

(二)黄喉拟水龟的生态习性

在野生环境中黄喉拟水龟喜栖息于丘陵地带及半山区的水域中,有时也到灌木丛、稻田中活动觅食。白天多在水中,有时会爬上岸晒太阳。天气炎热时,在上午、傍晚时活动较多,而在中午和夜间常躲入水中暗处或钻入沙土中休息。黄喉拟水龟胆子不大,受惊后则潜入水中或缩头不动。每年的4～10月份为黄喉拟水龟正常活动生长期,其最适的生活温度是24～32℃,13～15℃是龟由活动状态转入冬眠状态的过渡阶段,只活动,不进食。10℃以下进入冬眠。35℃以上时进入夏眠。

黄喉拟水龟为杂食性龟类,取食范围很广,但以动物性食料为主。在自然界,主食小鱼虾、昆虫、蚯蚓等,也食草种子以及瓜果蔬菜。吃食时,先爬近食物,仔细看上一会儿,然后突然伸长脖子,把食物咬住吞下;若食物太大,则要借助前爪把食物撕开再吃。黄喉拟水龟的生长速度较慢,在人工饲养条件下,当年孵出的稚龟,入冬前可达20克,第二年可长至60克以上,3龄龟体重在150克左右,如采用工厂化养殖,1个10克左右的龟苗,在工厂化设施中控温30℃养殖12个月可长到500克左右。

(三)黄喉拟水龟的繁殖习性

黄喉拟水龟在华南地区5龄开始性成熟,在华东地区需6～7龄。性成熟的黄喉拟水龟每年的4～6月份和9～10月份水温25℃左右时的清晨或傍晚交配，交配前雄龟显得很兴奋，常尾随雌龟，以头部撞触雌龟肩部，当雌龟不动时，雄龟爬上龟背，前爪勾住雌龟背甲前缘，进行交配，时间一般只有几分钟。

黄喉拟水龟的产卵期在6～9月份，6～7月份为产卵高峰期，每天的产卵时间一般在黄昏后与黎明前。产卵时，雌龟爬上岸寻找湿润的泥土地挖穴，穴口直径5～7厘米，深8～10厘米，穴挖好后，黄喉拟水龟泄殖孔对准洞口产卵，同时后肢伸出脚掌张开接卵。卵产完后，用后肢将穴口填平，之后离去。黄喉拟水龟一年产卵1～3次，每次2～7枚，年产卵多时可达30枚。卵体灰白色，长椭圆形。

（四）黄喉拟水龟的室内饲养

1. 种苗选购

黄喉拟水龟也是我国目前刚刚兴起家庭饲养的观赏龟，这几年市场价格也在逐年上涨，1个15克左右的苗价已达到150元以上，由于黄喉拟水龟不但好养，也比较好看，所以家庭饲养的人越来越多，而养的大多是既观赏又带有经营性的，所以黄喉拟水龟的苗种这几年比较紧缺，由于黄喉拟水龟的品种有南北和国内外之分，而且品质和价格相差很多，这样慎重选购黄喉拟水龟苗种就显得十分重要。首先挑选时一定要把品种的外部形态搞懂，如果是初养者最好到信誉好的养殖单位去选购，特别是也要了解好龟的来源，如一般送上门的贩子的黄喉拟水龟因是做生意经过长途运转的龟就很容易得病。由于初养者喜欢购买经过人工饲养过的苗种，所以也要弄清楚否经过饲养和饲养时投喂的饲料和数量。挑选黄喉拟水龟同样要求体表完整，无病无伤，活力强，而规格一般在50～200克为好。

2.种苗放养

家庭室内饲养黄喉拟水龟大多用透明的玻璃盆和缸，家庭住房比较大的也有在室内建小型饲养池的，但不管是哪种饲养形式，放养前都应和饲养其他龟一样用消毒剂对饲养设施进行消毒，然后再布置好景物和装水养草后就可放龟，放时同样不要直接放到水里，而应先放到岸，任其自行爬到水中。

3.饲养管理

(1)投喂

黄喉拟水龟以动物性饲料为主，也吃一些新鲜的植物性饲料，所以一般投喂鲜螺肉、鲜小鱼，也有可喂少量鲜鸡肝。如广西钦州一带喂福寿螺肉，养成的黄喉拟水龟不但生长快，颜色也特别艳丽好看。黄喉拟水龟一般一天喂一次，但在夏季上午喂1次动物性饲料，晚上再补1次新鲜的瓜果菜粒，喂的不要太多，一般以喂后半小时吃完为准，如1小时后吃不完就应及时清出残饵。和金钱龟比，黄喉拟水龟适应性比较快，也比较胆大些，有时有人也不躲避，但经常去玩逗会影响它吃饲料，同样会影响生长，所以饲养时只许看不许逗玩。

(2)调水

黄喉拟水龟同样喜欢干净,所以用虹吸管及时吸取残饵也是每天的管理重点,水不好时要及时更换,但 1 次的换水量以不超过 1/2 为好,一般 20 天左右或根据具体情况也要彻底换一次新水,换时先把黄喉拟水龟抓出,放到其他干净的盆中,盆中的水要求超过黄喉拟水龟的体背。等饲养水换好后装上新水就可回放,但要求换上新水的水温与原来的水温一样或略高一点,绝不能低,否则室内饲养的黄喉拟水龟极易患病。

(五)黄喉拟水龟的庭院饲养

黄喉拟水龟的庭院饲养的方式很多,既可在家庭的院子里建池也可在楼里用铁箱养,还可在楼顶建池养。但为了观赏和管理方便一般都喜欢在院子和阳台上建池饲养。

1. 种苗选购

选购黄喉拟水龟种苗的质量要求与选购红耳龟一样,不但要品种纯,体质好,在规格要求上,不是太严格,一般初养者最好选择经过人工培育后已长到 50 克以上的用来庭院饲养,如有养殖经验和有培育条件的也可直接购进刚出壳的稚龟自已来培育,因黄喉拟水龟稚龟价格比经过人工培育的龟苗要便宜得多。只是稚龟在运输上如是长途运输一定要要注意保护。

2.种苗放养

黄喉拟水龟在放养前也要做好池塘消毒,设施清整和放水,具体方法同饲养红耳龟,放养密度为 100 克以下的每平方米放养 15 只,100～300 克的每平方米放养 10 只,300～500 克的每平方米放养 5 只,500 克以上的每平方米放养 2 只。放养前龟体要求用 2％的盐水浸泡 5 分钟消毒,也可用市售的聚维酮碘溶液按产品说明进行消毒。放养时同样不要直接倒到水中,以免龟呛水死亡。

3.饲养管理

(1)投喂

黄喉拟水龟室外庭院饲养的投喂不同于室内,投喂应设饲料台,饲料台一般设在假山边上较隐蔽处,为防止其他鸟类飞来吃料,应在饲料台上设防护网,黄喉拟水龟室外投喂的饲料很多,如人工配合颗粒料、新鲜的动物性饲料和一些瓜果菜草乌龟都爱吃,但目前用人工配合膨化浮性饲料的比较多,但笔者的经验如有条件最好还是喂螺肉,实践证明喂螺肉不但生长快,养成的黄喉拟水龟质量好色泽艳丽,而且产蛋受精率也比投喂饲料的要高。庭院饲养黄喉拟水龟一般正常气候每天投喂 2 次,上午投喂人工饲料或动物性饲料,投喂量为龟体重的 1.5％。下午投喂植物性饲料,投喂量为龟体重的 10％。投喂后 2 小时清理残饵。

(2)换水

庭院换水一般因在室外,池水较多面积较大,而且水质受气候影响会有变化,所以有条件的可采用小流量长期流水法来保持水体良好,如无此条件的一般以水体透明度低于 25 厘米时换水,换水量为总水量的 1/3,为了减少换水,一般在池中种植大量的观赏性水生植物,以美化环境和改良水质,效果也很好。

(六)黄喉拟水龟产卵孵化

室外庭院观养的黄喉拟水龟,其生长生殖与红耳龟和黄耳龟差不多,当其年龄达到 4～5 夏龄,体重达到 500 克以上时,雌龟就会产卵。一般每天早上清晨开始产卵,太阳出来产卵就结束,黄喉拟水龟当天产的卵一般清晨产,下午采集。采时轻轻的挖开沙穴,卵采出后把白色的受精面朝上然后移到室内孵化。

如孵化数量少可用搪瓷盆,也可用木箱,木箱高 20 厘米,大小可按蛋的数量而定。放卵时先在箱底部放 5 厘米厚的细沙子,然后把龟卵白色的受精面朝上整齐排放在沙中,再盖上 15 厘米沙子就可。一般因数量较少,所以孵化都采用用自然孵化的方式,即把孵化箱放在室内进行常温孵化。龟卵在孵化过程中,每隔 2 天检查一遍,如发现沙子干燥发白,可喷少量清水,一般经过 60～70 天就能孵出小龟苗。如数量多可采用温控孵化箱进行人工控温孵化,孵化箱内设有孵化架可放卵箱，还有加温的红外线灯泡，孵化时把箱内的温度控制在31℃，卵箱中的卵的摆放方法同自然孵化一样，孵化期间如发现卵箱中的沙子干燥发白，可喷少量清水以调节湿度。人工孵化可提高孵化率和缩短孵化时间。

刚孵出的龟苗，一般要暂养1天，不要急着投喂，1天后可投喂些鸡蛋黄或鸡肝等食物进行培育或出售。

七、四眼斑龟的家庭饲养

四眼斑龟别名六眼龟，四眼斑龟主要分布在我国的福建、江西、广东、广西、海南、浙江、江苏等地，国外主要分布于越南和老挝。

（一）四眼斑龟的形态特征

四眼斑龟头顶部有2对眼斑，似眼睛，故名四眼斑龟，斑眼和真眼合一起似有六只眼，故别名为六眼龟。颈部有3条纵条纹，眼斑和颈部条纹颜色因性别差异而不同，眼斑和颈部条纹呈黄色者为雌性；呈绿色者为雄性。背甲棕色，无黑色斑点，呈椭圆形。腹甲淡黄色，散布黑色小斑点，前缘平切，后缘缺刻。四肢淡棕色，指、趾间具蹼。尾灰褐色、短。

（二）四眼斑龟的生态习性

在自然界四眼斑龟喜栖息于山区、丘陵地带的坑潭、沟渠中，常在阴暗处栖居，如石块下、树根中。四眼斑龟很胆小，一旦受惊马上会把头、尾、四肢缩进壳内或快速逃逸。每年春季

4 月底当水温回升到 15℃时开始从冬眠中苏醒并到处爬动，但活动范围不大。当水温升高至 18℃以上时开始觅食。四眼斑龟天气晴朗的中午喜趴岸边昂头伸开四肢晒太阳。10 月底，当水温降到 15℃时开始进入冬眠。冬眠地点选在深水处或岸边避风向阳的石洞或草堆下。冬眠时头缩入壳内，四肢尾露在外，对环境变化反应不太敏感。

四眼斑龟的食性很杂且食量较小，平时最喜食动物性饵料，在自然环境中主要以小鱼虾和水生昆虫等为食，食物缺乏时也食用些小型野果。

(三)四眼斑龟的繁殖习性

四眼斑龟的成熟年龄在华南地区为 4 夏龄，华东地区为 5 夏龄，北方地区会更长些，体重一般为 500 克左右。成熟亲龟在每年 5 月中旬开始发情交配，交配一般内在开阔的水中或安静的岸边进行，交配时先是雄龟围绕雌龟打转或在雌龟前面，头对雌雌龟，伸长头颈，上下点动或左右摇晃，阻止雌龟爬动。待雌龟静止时，雄龟就会很快绕到雌龟后面，爬到雌龟背上，此时雄龟前肢钩住雌龟背甲前缘进行交配。四眼斑龟 5 月中旬开始产卵到 8 月底结束。产卵多在向阳背风的河流岸边的沙土中进行，四眼斑龟每年产卵 1～3 次，每次 2～5 枚，产完后受精卵会借助自然阳光照射的热量进行孵化，一般需要 70 天左右。

(四)四眼斑龟的室内饲养

1. 种苗选购

选购四眼斑龟的种苗,一定要注意质量,主要是要看四眼斑龟的活力,由于四眼斑龟比较胆小,所以一般比较难挑选,所以挑选时应把四眼斑龟放在一个比较大的容器中,人走开后它会马上活动作逃跑状,而人过去后又马上把头缩回去,这样的四眼斑龟说明其反应灵敏活力强,相反反应迟钝,活动能力差的四眼斑龟是不能选购的。家庭室内饲养四眼斑龟的个体规格最好在 100～300 克,不要太小也不要太大。

2. 种苗放养

室内饲养四眼斑龟一般以透明的饲养玻璃盆为好,观赏时也是从上往下好看。盆里的点缀景物要多些,平时饲养盆不要放到光线太强的地方,这样四眼斑龟会躲起来从而影响观赏。四眼斑龟放养前的准备工作同其他水栖龟类一样,龟体在放养前用 1% 浓度的盐水浸泡 5 分钟消毒,放养密度 100～200 克的每平方米放养 10 只,200～300 克的每平方米放养 5 只。

3. 饲养管理

(1)投喂

四眼斑龟是以动物性鲜活饲料为主的杂食龟类。由于四眼斑龟的食量很小,所以 1 天一般喂 1 次。投喂时要把食物剪割成小块,并要放在食盆里,不要放在水里。最好是投喂新鲜的小鱼,也有喂新鲜鸡肝的,为了营养全面,建议每隔 5 天喂 1 次鲜果,一般苹果最好,喂时最好切成小果粒。喂四眼斑龟的时间最好在晚上 8 点,2 小时后再把食盆拿掉。控制投喂量以喂后 2 小时观察是否吃完,如吃完下顿加点饲料,如剩下,下顿减点就可,所以喂四眼斑龟全凭经验来决定的食量,不能死板硬套理论数据。

(2)调好水质

养四眼斑龟的盆中一定要养些好看的水草,其不但起到点缀作用,也是为了四眼斑龟的躲避和调水,当然及时吸污是调水的首要任务,由于四眼斑龟吃得少所以排的也少,因此不必经常换水,只要每天及时吸出污物,水就能保持较长的时间。

目前我国单独庭院养四眼斑龟的,多为养殖经营的目的,原因是四眼斑龟胆小,而庭院的空间相对干扰较多,如鸟、鼠等侵害动物。这些干扰不利四眼斑龟的生活生长,特别是一些养龟家庭养狗的较多,而四眼斑龟尤其怕狗的干扰,所以庭院饲养四眼斑龟就不再介绍。

八、安布闭壳龟的家庭饲养

安布闭壳龟别名马来闭壳龟,主要分布于东南亚各国,我国虽有引养但数量较少,而且大多分布在华南、西南和华东地区。

(一)安布闭壳龟的形态特征

安布闭壳龟头部橄榄色,顶部具黄色细条纹,且延伸至后部,头侧具数条黄色条纹。背甲通体黑色,中央隆起较高。腹甲淡黄色,每块盾片上具黑色圆形斑点或不规则黑点。腹甲与背甲能完全闭合。四肢背部黑褐色,腹部淡黄色,指、趾间具蹼。尾适中。

(二)安布闭壳龟的生态习性

在野生环境中,安布闭壳龟多栖于沼泽地及离水不远的低洼地、水潭和山涧溪流处。在短时间内可活动在深水中。安布闭壳龟生性胆小,受到惊吓,立即窜入水中或将头、四肢、尾缩入壳中,闭合腹甲。环境安静时,常将头伸出,伸长脖颈,呈观望状,安布闭壳龟活动量小,也不作远距离迁徙。同其他闭壳龟类一样,安布闭壳龟性情温顺,与同类之间很少争咬打斗,即使是争食,弱小的也往往自动退避,不去争抢,所以安布闭壳龟是龟类相对好养的观赏龟。

安布闭壳龟是以动物性食物为主的杂食性龟类,在野生环境中主要以小鱼虾、小虫为食,有时也采食些鲜嫩的植物茎叶。安布闭壳龟在22～32℃的环境中吃食活动正常,18℃左右开始停食,15℃以下逐渐进入冬眠状态。

(三)安布闭壳龟的繁殖习性

安布闭壳龟在野外气候条件下华东地区需要6夏龄,华南地区需要5夏龄体重达到750克以上时开始产卵,产卵一般在5～8月份，每次产卵1～3枚，以2枚居多，卵重25～27克，长圆形。

（四）安布闭壳龟的室内饲养

1. 种苗选购

安布闭壳龟因生性胆小，所以在市场上挑选时大多时间呈闭合状态，因而很难观察，然而正是闭合较紧的安布闭壳龟才是健康的龟，如遇到干扰还迟迟不能闭合的，肯定是有病的。为了确定龟的质量和形态，一般挑选后会把龟放到安静的容器内偷偷观察，一般健康有活力的龟当人离开后感觉安静时会马上把头伸出壳外窥视，否则说明龟的反应迟钝不是有病就是有内伤，就不能购买。此外相对重量，也是选购的技术之一，一般个头大小差不多的相对重者为体质较好，轻者体质差，说明吃食少生长也有问题。室内饲养的安布闭壳龟体重以200克以上较好，一般这么大的安布闭壳龟买来后适应快，吃食也好。

2. 种苗放养

安布闭壳龟最好用玻璃缸或玻璃盆饲养，同样在养缸内放置点缀的景物，特别是安布闭壳龟胆小，所以景物可比其他龟类多放些，点缀的景物放好后就装水，水一般不要太深，只要没过安布闭壳龟的一半体背就可。放养密度为个体规格在200～300克的每平方米放养10只。300克以上的每平方米放养5只。放养前可用1%的盐水消毒龟体5分钟，放时最好一只一只的放，放养后把饲养缸先放到安静的地方，千万不要先去干扰它。

3.饲养管理

(1)投喂

龟入缸中数小时后安布闭壳龟会从壳中伸出头，探视周围环境并开始爬动，放养当天先不要喂食，等第二天傍晚时分可在饲养缸内放些新鲜的小鱼、瘦猪肉和鸡肝。投喂后的次日清晨要注意观察，若未吃食，则将食物清出，并重新换入等温等量的清水。如此反复十几天之后，体质正常的龟都会恢复摄食和活动。以后每天在傍晚投喂，投喂量是龟体重的10%，也可视实际吃食情况灵活增减。

(2)调节水质

清理饲养缸中的餐饵粪便是保持水体清洁的关键，所以每天清晨应首先把缸底的污物清理干净，安布闭壳龟喜欢干净，所以要求夏天每3天彻底换一次水，冬季6天彻底换一次水，每次换水放回龟时，都应用1%浓度的盐水浸泡消毒，以免安布闭壳龟体表感染发病。

由于安布闭壳龟目前在我国的数量较少，除搞经营繁养的养殖户外，很少有搞庭院饲养的，所以成熟经验较少，因此不再介绍。

九、蛇鳄龟的家庭饲养

蛇鳄龟别名小鳄龟，蛇鳄龟主要分布在北美和南美诸国。我国从20世纪90年代开始引进，由于蛇鳄龟出肉率是龟类之首，故也叫肉龟，我国引进后不但把蛇鳄龟作为观赏龟，也是规模化养殖食用的主要龟类之一，目前我国大多地方都有小规模的发展，但主要集中在华东、华南和河南、湖北一带。

（一）蛇鳄龟的形态特征

蛇鳄龟头部棕褐色，呈三角形，上喙钩形，头部不能完全缩入壳内。颈部有棘状刺。背甲卵圆形，棕褐色，每块盾片具棘状突起，后部边缘呈锯齿状（幼龟明显）。腹甲呈十字形，且较小，黄色（幼龟为黑色，散布白色小斑点）。甲桥宽短。四肢灰褐色，具覆瓦状鳞片，指、趾间具发达蹼。尾部较长，覆有鳞片，尾中央具一行刺状的硬棘。

（二）蛇鳄龟的生态习性

在野生环境中蛇鳄龟喜栖息在淡水或低盐咸水的湖泊、江河、水库、池塘、沼泽的浅水泥沙底质且水草丛生的水域。偶尔也登上陆地爬行和晒太阳。它经常只将鼻孔和眼露出水面，头部并不完全伸出。白天喜在水中静伏，夜晚到处爬行。蛇鳄龟具有强壮的四肢、爪及长尾巴，有较强的攀爬能力，善于逃逸。蛇鳄龟生性凶猛，能咬人，但在体重20～40克的幼体阶段比较温顺。成年鳄龟能散发出类似麝香的气味，特别是受到强力干扰时尤为明显。蛇鳄龟适应温度的能力较强，既不怕寒冷，又不畏炎热，其生存极限温度为5～42℃。最适生长温度为28～32℃。当气温达35℃以上时，伏于水底或泥沙中避暑，15℃以下时进入冬眠状态。当温度升至15℃以上时，蛇鳄龟恢复正常摄食。蛇鳄龟对有盐度水质的适应性比其他龟类强，如在一般国内的海涂盐度达到3‰的水域中也能适应生长。蛇鳄龟对水pH值的适应范围也比较广，如它可在pH 6.5～8.5的范围内正常生长繁殖。蛇鳄龟白天常潜伏水中，喜弱光和阴暗，畏强光。喜清水，避浊水。蛇鳄龟在水中觅食时，喜捕食运动的活体饵料，其属偏动物性饵料的杂食性动物。稚鳄龟、幼鳄龟与成鳄龟的食性略有不同。稚鳄龟和幼鳄龟喜食水蚯蚓、小鱼虾、蝇蛆、水生昆虫等肉质鲜嫩的小动物，幼龟有时也捕食小型同类，如稚鳄龟等，所以在家庭饲养时应特别注意这一点。成年蛇鳄龟喜食个体较大的活饵，如鱼、虾、蛙、蟾蜍和各种鲜的水草等。在人工饲养条件下除了可以投喂鲜活的动植物饲料，蛇鳄龟喜食人工配合的颗粒饲料。

稚鳄龟和幼鳄龟的生长速度缓慢，体重达350克以后才进入快速生长时期。自然温度下一般华南地区需要3年，华东地区需要4年才能长成商品龟。雌鳄龟和雄鳄龟的生长速度因水温而异。当水温高于 30℃或低于 20℃时，雌鳄龟生长较快；当水温为 22～28℃时，则雄鳄龟生长速度较快。控温条件下，鳄龟的生长速度大大加快。我们采用工厂化人工控温养殖，在温度控制在 30～32℃时，每只年增重可达到 2 000 克以上。所以蛇鳄龟是大型龟类之一。

(三)蛇鳄龟的繁殖习性

在野生环境中，蛇鳄龟在华南地区生长到 4 夏龄，体重 1 250 克以上就进入正常产蛋期，而华东地区需要 5 夏龄，体重达到 1 500 克以上才进入正常的产蛋期。蛇鳄龟每年 4～5 月份和 9～10 月份为自然交配期，5～8 月份为产卵高峰期。交配后的雌鳄龟爬上岸边，寻找湿度相当又比较安静的河坡或平坦带有沙土的草滩，然后扒开沙土，建筑巢穴产卵。蛇鳄龟的产卵巢穴外口小，穴内呈倒 Ω 形，穴深 10～13 厘米。筑好巢后，雌鳄龟晚上产卵。全年产卵 30～80 枚。据说最多有产 120 枚的，蛇鳄龟年产卵一般分 3 批，每批产 10～30 枚。卵呈圆球形，白色，外壳较粗糙，直径 23～33 毫米，单个卵重 7～15 克。

蛇鳄龟的受精卵在自然情况下孵化期 60～120 天，通常在 8～12 月份孵出稚鳄龟。采用人工控温孵化的，孵化期仅 60 天左右。刚孵出的稚鳄龟近似圆形，体长 24～31 毫米，体重 9.5～12 克，体表由深灰色逐渐变成褐色。背甲褶皱，具有

3 条近于消失的脊棱，边缘有浅色斑点。腹甲呈褐色，分布着许多浅色斑点。四肢和颈部皮肤深灰色，头及颈部也有斑点。稚鳄龟的性别取决于孵化温度。在自然条件孵化，当孵化温度为 30℃以上或 20℃以下时，孵出秩龟为雌性；25～28℃时，孵出的稚鳄龟为雄性。

（四）蛇鳄龟的庭院饲养

由于蛇鳄龟是大型攻击性龟类，所以它不适合室内家庭饲养，因此只介绍蛇鳄龟的庭院饲养。

1. 种苗选购

选购蛇鳄龟苗种，不应选刚孵出的稚龟和规格较小的龟苗，而应选购规格在 100 克以上的龟种。这样的龟种适应性强，只要无病伤，放养后很快就会吃食生长。挑选龟种质量时首先应选择正规的蛇鳄龟苗种场，并到场家考察蛇鳄龟的品种来源和生产方式及病害防治的用药情况。确定购买后要筹划好运输的方式和作好运输的准备工作。起运前挑选龟种时，应把龟种置于 22～26℃环境中，然后观察和挑选行动活泼、反应敏捷、双眼有神的龟苗，也可用手轻拉龟种四肢，要求回缩有力，全身无损伤无病灶。也可将龟种腹部朝天，观察其翻转是否快捷有力。挑选时一定要认真，否则运到家后发现问题再退就会很麻烦。

蛇鳄龟苗

蛇鳄龟小苗的腹部

2. 种苗放养

蛇鳄龟庭院饲养的放养密度每平方米为100～200克规格放养5只，200克以上放养3只。放养前用市售的消毒剂聚维酮碘溶液按产品说明浸泡10分钟，浸泡时药液深度以刚淹过龟体背为宜。

3. 饲养管理

(1)投喂

蛇鳄龟杂食贪吃，因放养的是规格在100克以上的龟种，所以投喂可用新鲜的动物性饲料，也可用人工配合饲料，蛇鳄龟一天投喂3次，一般为早上的6点，下午的1点和晚上的8点。日投喂量是人工配合饲料以龟总体重的1.5%～3%，鲜活饵料以龟总体重的10%～13%的比例投喂。投喂以投喂后1小时内吃完为准。投饵量还应根据天气、温度、龟的活动等情况灵活调整；投喂饲料应在饲料台上，不要随便乱撒乱投，这样不但易造成浪费也易败坏水体。

(2)调好水体

庭院饲养蛇鳄龟的生态环境要求主要在水体环境，调水的措施首先是养好池内的水生植物，因水生植物不但可美化环境，也是蛇鳄龟夏季避暑的场所，而最重要的还是通过水草净化水体不但成本低效果好，也很容易做到。在庭院的饲养池里，可种聚草、水浮莲、水花生和大型睡莲等。水草在池中不要全养满，一般以总面积1/3就够。其次是适当换水，有条件的可采用微流水的形式，没条件的可看水体情况适当换水，如当水体透明度低于20厘米时，就应换水，一次的换水量为总体水量的1/3。

(五)蛇鳄龟的产卵孵化

雌蛇鳄龟一般晚上产卵,产卵24小时后就可采卵。采卵时先扒开覆盖的沙土,然后用手轻轻取出龟卵,并挑出受精卵,做好记录。

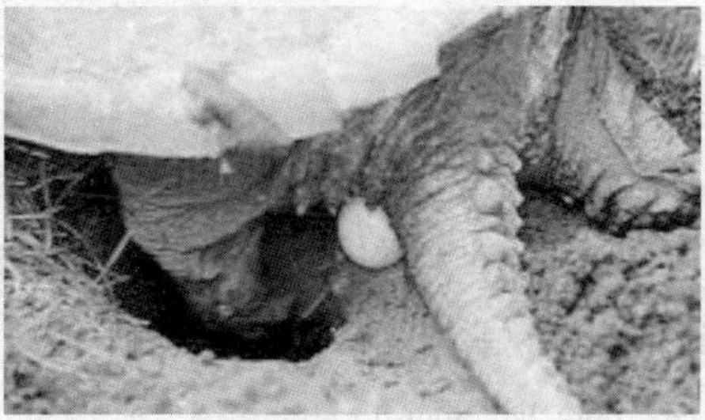

蛇鳄龟产卵

装卵的孵化箱可用吸水性好,不易腐烂的杉木板制作。箱体正方形,边长50厘米,高40厘米。装箱前先在箱底铺上5厘米厚的粗沙(沙径为0.2厘米),然后铺上沙土5厘米(沙土结构和粗细同产卵场相同),再平放上龟卵,卵距0.5厘米,装好后盖上同样的沙土至箱口平即可。

孵化在人工控制的孵化室进行,孵化室要求保温、保湿、通风、便于操作。室内应有增温、控湿、通风设施。地上应设集苗沟,沟深20厘米,宽20厘米,沟里有1厘米的水。孵化期间要求室温始终保持31℃,室内湿度75%~80%,孵化箱内室内湿度8%,孵化期间不要往箱中浇水,一般如室内湿度能达到要求标准，箱中的湿度也够。孵化箱应平放在孵化室集苗沟的两侧，放时采用多层式，即 2～3 层为一组，叠时上下箱距 10 厘米，平面组距 20 厘米，两组为一行，平面行距 50 厘米。孵化期间应每 6 天上下层翻箱一次。孵化时间为 55～65 天。

4. 稚龟暂养

刚出壳的稚龟，应用大盆移到室温或在与室外气温差不多的屋子里过度 10 天，暂养时应马上开食，开食可用商品稚龟料，也可用鲜活的鱼螺肉等动物性饲料切成小细块投喂。暂养水不应超过 2 厘米，期间应注意适当换水，10 天后就可移到温室或室外培育池中进行正常培育。

十、里海拟水龟的家庭饲养

里海拟水龟别名里海泽龟，里海拟水龟主要分布在俄罗斯、中东与巴尔干地区。20 世纪初引入我国，比较好养，特别是与一些颜色艳丽的水龟类合养，观赏性就增强，所以市场上特别抢手。

(一)里海拟水龟的形态特征

里海拟水龟头侧面具黄色条纹，延伸至颈部，上喙呈 A 形；颈部为褐色。背甲黑色，背甲前后缘不呈锯齿状。腹甲黑色，无韧带。四肢黑色，指、趾间具蹼。尾短。

(二)里海拟水龟的生态习性

里海拟水龟在自然环境中主要栖息在安静的河流、湖泊、水塘中。平时以动物性饵料为主,但也吃一些鲜嫩的水草,人工饲养可投喂些小鱼和人工配合饲料。

(三)里海拟水龟的繁殖习性

里海拟水龟在自然生态环境中需 4～5 夏龄才能成熟产卵,当水温达到 26～28℃是开始交配,每年的 6～9 月份气温达到 28℃以上时里海拟水龟的开始产卵,其中 7 月份是产蛋高峰期,里海拟水龟一年产 2～3 窝,每次 1～3 枚不等。

(四)里海拟水龟的室内饲养

1. 种苗选购

里海拟水龟的种苗选购,主要是要注意它的外形特征,因里海拟水龟是我国近几年引进的观赏龟类,所以熟悉的还不是很多,所以注意品种的真实性和纯度是关键,特别是在辨认当中要注意其背甲黑色这个特征。里海拟水龟的家庭饲养种苗规格应选 50～400 克经过人工驯养过的为好,因这样的规格不但适应性快,也比较好看好养。

2. 种苗放养

里海拟水龟适合在室内盆养,和其他室内饲养的要求一样,里海拟水龟在放养前要进行容器和点缀物的消毒,装上水后就可放养,但要注意的是水温一定要和当时的室温一样,装水量开始时不要太多，等放苗后再逐步加。放养前龟体要用1%浓度的盐水消毒。里海拟水龟的放养密度为50～100克的每平方米放15只，100克以上的每平方米放10只。

里海拟水龟幼苗

3.饲养管理

(1)投喂

里海拟水龟的食性很杂，一般的动物性饲料都吃，如小鱼、小虾、肉类、鸡肝等，也特别喜欢吃人工饵料，特别是人工饵料比较好采购保管，也比较干净，所以一般投喂人工配合颗粒饲料的比较多。里海拟水龟一般夏季一天投喂2次，上午8点和下午5点，其他季节一般投喂1次。投喂鲜活饲料为总体重的10%，投喂人工饵料则为总体重的1%。

(2)调水

里海拟水龟饲养的水质管理主要是适当换水，一般看水的情况3天彻底换一次就可。

目前里海拟水龟庭院饲养的例子较少，故不作介绍。

十一、美国锦龟的家庭饲养

锦龟主要分布在加拿大南部、美国和墨西哥北部。而美国锦龟又分西部锦龟、东部锦龟、南部锦龟和中部锦龟。20世纪90年代初引入我国。

(一)锦龟的形态特征

锦龟头部深橄榄色,侧面具数条淡黄色纵条纹,并延伸至颈部。背甲深灰色,边缘具绿色,背甲中央无红色纵条纹,缘盾上具红色弯曲条纹,背甲呈长椭圆形,后部缘盾不呈锯齿状。腹甲中央具棕色条纹和斑纹。四肢深绿色,具淡黄色条纹。尾短。美国东部锦龟头上有四个斑点,腹甲黄色无斑纹。西部锦龟是锦龟中最常见的,背甲为橄榄绿,腹甲一般为橘红带暗色花纹。南部锦龟的背甲最有特色,也是最好区分的,有一条橘黄色的线,贯穿背甲的中脊,底板一般为淡黄色象牙板,头部有点像巴西龟,皮肤上和背甲外圈都有淡黄色线条。中部锦龟成体背甲周围有亮丽的红纹。

东部锦龟的幼苗背部

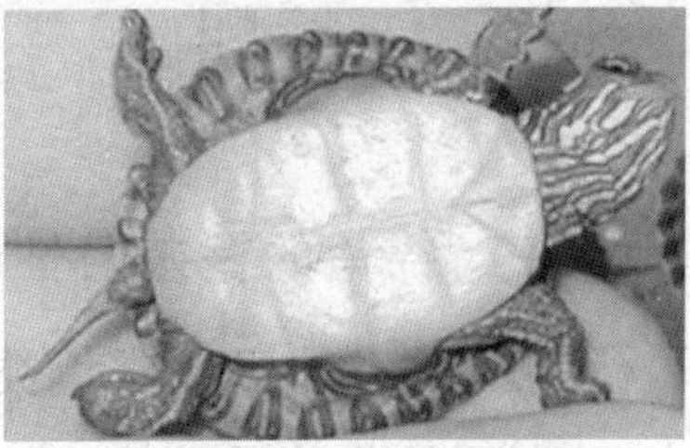

东部锦龟的幼苗腹部

西部锦龟幼苗背部

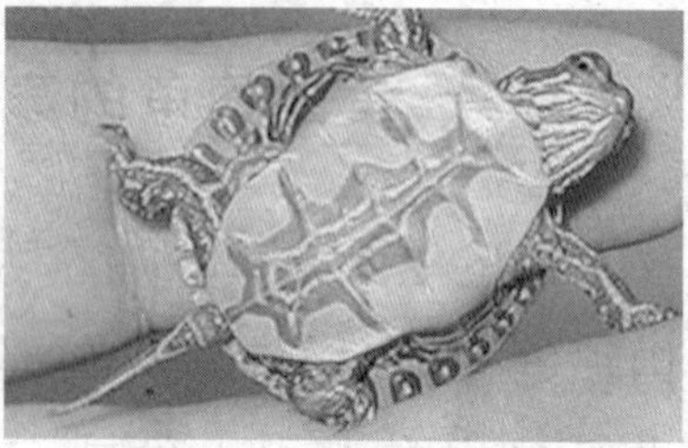

西部锦龟幼苗腹部的花纹

(二)锦龟的生态习性

在野生环境中锦龟主要栖息在湖泊、江河、水库和池塘等地。锦龟食性杂,食源广,平时喜食小鱼、昆虫等小型动物,也吃一些鲜嫩的水草。人工饲养可投喂精猪肉、小鱼、鸡肝、蚯蚓等动物性饲料和新鲜的瓜、果、菜、草,如菜叶、香蕉等。

南部锦龟幼苗背部有黄线

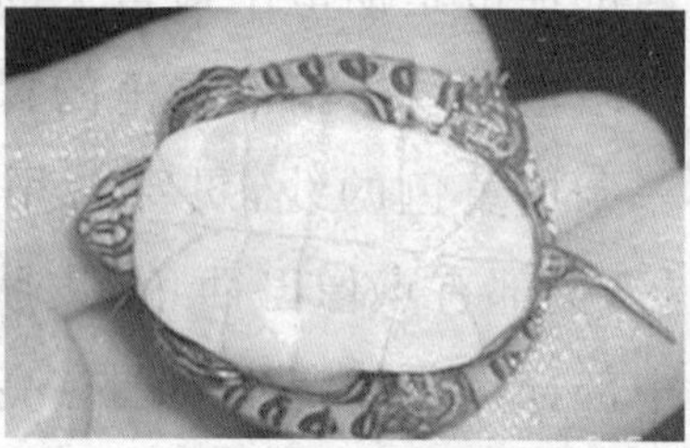

南部锦龟的腹部

(三)锦龟的繁殖习性

锦龟属于小型观赏龟类,一般经过华南地区3夏龄,华东地区4夏龄龟体重达到80克左右就性成熟,繁殖季节为5～

10 月份，春天 5 月份水温达到 25℃以上时开始交配，一般 5 月下旬水温达到 28℃以上就开始产卵，6～9 月份为产卵高峰期，锦龟每年分批产卵，每次可产 5～16 枚，最多时可产 20 枚，卵较小，长径 27～31 毫米，短径 14～16 毫米，重 3～5 克。在常温下孵化需 75 天左右，人工控温孵化一般不超过 60 天。

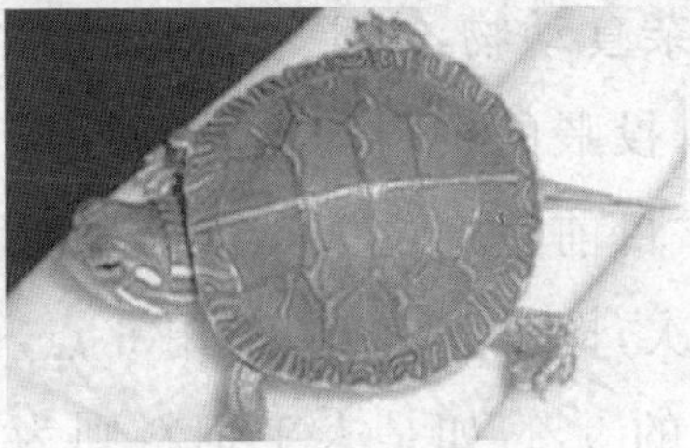

中部锦龟幼苗背部

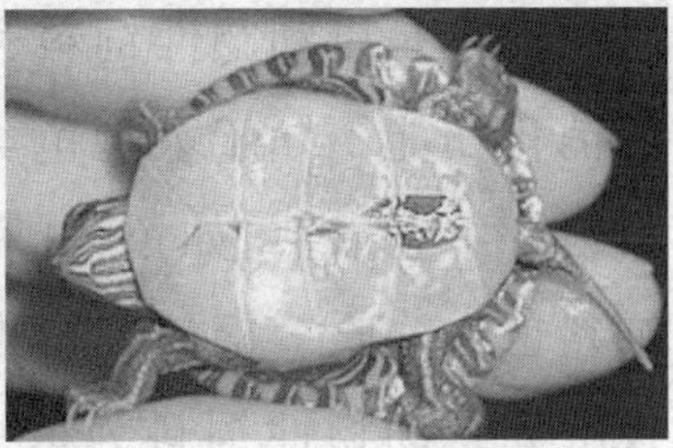

中部锦龟幼苗腹部

(四)锦龟的室内饲养

1. 种苗选购

锦龟个体较小，性情温顺，是一种比较好养和很有观赏价值的龟类，但选购种苗时除了质量要求与红耳龟一样，个体规格以 10 克以上并经过人工驯养后的较好，最大规格以不超过 100 克为好。

2. 种苗放养

锦龟适合在室内盆养，放养前除了做好饲养盆的消毒工作，龟的体表应用 1%的盐水消毒 5 分钟。放养时盆里的水不要放的太多，一般以稍没过体背就可，并要求水温不低于室内温度，以后再逐步放些水就可以。锦龟的放养密度是20～50克的每平方米放养20只，50克以上的每平方米放养10只。

3.饲养管理

(1)投喂

锦龟是以动物性饲料为主的杂食动物，由于个体较小它的消化功能不同于大型龟类，所以投喂的饲料如是动物性饲料最好给它煮熟，如鱼、肝和肉等，目前生产的人工配合颗粒饲料也喜欢吃。锦龟夏季投喂2次，即上午8点，下午6点。投喂如是动物性饲料为龟总体重的9%，如是人工饲料则为龟总体重的1.2%。以投喂后1小时吃完为准，如吃不完下顿应减总饲料量的5%，如全吃完则加总饲料量的5%。平时每隔几天还应投喂少许新鲜的瓜果粒，以满足锦龟维生素的需求。

(2)调水

调水最好是每2天换一次新水，因锦龟特喜欢干净，换水时的水温一定要保持和原来的一样，否则温差过大会引发疾病。

锦龟的庭院饲养目前也很少故也不再介绍。

十二、菱斑龟的家庭饲养

菱斑龟别名钻纹龟，菱斑龟主要分布在美国，近几年引入我国，虽然目前养的不是很多，但因其很有观赏性，所以饲养的家庭越来越多，市场价格也有上升的趋势。

（一）菱斑龟的形态特征

菱斑龟头部淡青色，具数条长短不一的褐色条纹，头顶部较密集，上喙无钩。背甲淡绿色，椭圆形，中央扁平，每块盾片上均有 2～3 圈黑色环形斑纹，中央具一嵴棱，菱斑龟背甲色彩、斑纹变化较大。腹甲淡黄色，具黑色斑点或斑块。四肢青绿色，具黑色斑纹，前肢 5 爪，后肢 4 爪。尾青绿色，较短。

（二）菱斑龟的生态习性

在自然环境中菱斑龟生活在港湾、小海湾、沼泽和入海口处，是北美龟类唯一可生活于含盐水域的种类。肉食性，以螺、甲壳类为主食。人工饲养条件下，食小鱼、瘦猪肉及混合饲料。

（三）菱斑龟的繁殖习性

菱斑龟在华东地区 4～5 夏龄性成熟，5～8 月份气温上升到 28～30℃为菱斑龟的产卵期，其中 7 月份为产卵高峰期。年产卵量为 6～18 枚。

（四）菱斑龟的室内饲养

1. 种苗选购

菱斑龟在国内的数量还较少，所以选购是一定要认准品种的真假，辨认时菱斑龟最为突出的特征是每块盾片上均有2～3圈黑色环形斑纹，如果没有就不是菱斑龟。家庭饲养菱斑龟一般以室内为主，所以选购时除质量，规格以50～100克的为好。

2. 种苗放养

菱斑龟适合室内盆养，放养前进行容器消毒，然后放上水，由于菱斑龟喜欢略有盐度的水体生活，所以可用市售的海水调节剂(商品名叫海中宝，一般海鲜品市场有售)把水体盐度调到1.5‰。放养时龟体用聚维酮碘消毒液按产品说明要求进行消毒。

3. 饲养管理

(1)投喂

菱斑龟食性很杂，也比较贪食，一般的小鱼、肉和肝它都吃，投喂前把这些饲料用刀垛成小块，然后按定量投喂。菱斑龟一天喂2次，时间为上午8点，下午5点。投喂量为如是鲜活饲料以总体重的10％投喂，如是人工配合饲料则用龟总体重的1.5％投喂，投喂也是以投喂后1小时吃完为准。

(2)调水

菱斑龟也喜欢干净的环境，所以应每3天换1次水，换水的盐度应和原来的保持一样，有介绍纯淡水饲养菱斑龟也挺好，不妨一试，但笔者认为，可以用逐步减少水体盐度的方法进行，不要一下子换成淡水为好。

十三、黄头侧颈龟的家庭饲养

黄头侧颈龟是近年来我国较热门的观养龟，其不但好养，而且色彩艳丽，十分有观赏价值。

（一）黄头侧颈龟形态特征

黄头侧颈龟，学名黄头南美侧颈龟，主要分布在中南美洲国家。

黄头侧颈龟头部黑褐色，头顶部和侧面有淡黄色或橘红色的斑纹，眼睛较大，喙呈流线型。背甲长达 68 厘米，是本属中体型较大的一种侧颈龟。幼龟背甲淡橄榄色，成龟的背甲颜色较深，背甲呈椭圆形，顶部隆起，中央有一条嵴棱，背甲前后边缘不呈锯齿状。腹甲淡黄色，腹甲前部边缘呈半圆形，腹甲后部边缘缺刻，腹甲前部较后半部大，间喉盾较长，并且将喉盾分隔开，但不隔开肱盾。四肢黑褐色，后肢边缘有 3 枚大鳞片。尾短，黑褐色。

（二）黄头侧颈龟的生态习性

在自然环境中黄头侧颈龟生活于水体洁净的湖泊、河川、沼泽等水域中。黄头侧颈龟以植物性食物为主，如鲜嫩的水草和瓜果等。人工饲养可投喂鲜嫩的菜叶和瓜果。

(三)室内饲养

1.种苗选购

黄头侧颈龟形态奇特，十分可爱，饲养选购时的形态特别好辨认，一般也不会弄错，特别是这种龟的食性偏鲜嫩的植物性饲料，加之比较贪吃，挑选时可用鲜果块引诱，如是抢食吃说明是有活力的健康龟；否则反之。根据颈龟的特点，它们都适合室内盆养，挑选的规格以 20～100 克较好。

2.种苗放养

放养前也要进行饲养盆的消毒，放养前水少放些，当放好后再加水，而且水温要和室温一样，不可有很大的温差。龟种放前可用聚维酮碘按产品说明进行龟体消毒。放养密度每平方米为 20～50 克规格的放养 30 只，50 克以上放养 20 只。

3.饲养管理

(1)投喂

黄头侧颈龟是以植物性食物为主，如鲜嫩的水草和瓜果等。人工饲养可投喂鲜嫩的菜叶和瓜果，投喂量为龟总体重的 12%。一般一天投喂 2 次，即上午 8 点，下午 5 点。投喂后 1 小时后再清理残饵，当然投喂也要根据季节，如气温在 28℃以上时投喂 2 次，如 28℃以下时投喂次数和投喂量都要酌情减量。

(2)调水

黄头侧颈龟的水环境调节，主要是适当换水，一般如是夏天每 3 天换一次水，其他季节看实际情况适当换水就可。

十四、西氏长颈龟的家庭饲养

西氏长颈龟别名扁头长颈龟，西氏长颈龟主要分布于非洲新几内亚南部，我国从 20 世纪 90 年代末开始引养，很受消费者喜爱

(一)西氏长颈龟的形态特征

西氏长颈龟头部略扁，故叫扁头长颈龟。头顶部、颈背部为深灰色，头顶部平滑，下颌、颈腹部为淡灰色；颈长，不能完全隐匿于体侧。背甲棕褐色，呈椭圆形，缘盾不呈锯齿状，颈盾较小。腹甲黄色，幼体颜色较浅，甲较长且窄，无任何斑点。四肢背部深灰色，腹部淡灰色，前肢和后肢均具 4 爪。尾短。

(二)西氏长颈龟的生态习性

在自然环境中西氏长颈龟喜欢栖息在小溪、池塘和沼泽地带的淤泥中，西氏长颈龟善游，喜暖畏寒，喜群居，不喜晒壳，胆较大，易驯养。西氏长颈龟是食肉性龟类，人工饲养的饵料有肉类、小鱼、黄粉虫、蚯蚓和人工配合饲料。

(三)西氏长颈龟的繁殖习性

西氏长颈龟的生长较慢，成龟一般龟甲长 30 余厘米，据

记载最大个体龟甲长 38 厘米，在华东地区成熟年龄为 4～5 夏令。体重 400 克以上。自然界中，西氏长颈龟 4～5 月份于水中交配，5～6 月份开始产卵，一般可产到 7 月份，每次可产卵 4 枚以上，年最多可产 20 多枚卵。卵长圆形。

(四)西氏长颈龟的室内饲养

1. 种苗选购

西氏长颈龟的挑选比较容易，应和其特点相同的龟类较少所以比较好辨认，由于西氏长颈龟胆比较大，所以可以用活小鱼诱食，一般如抢食厉害的就说明其活力强身体健康，在规格的设定上一般家庭饲养以 50～200 克的为好。

长颈龟幼苗

2. 种苗放养

西氏长颈龟家庭饲养的容器用饲养盆比较好，一般放养密度为 200 克以下的为每平方米 25 只，200～300 克的每平方米养 15 只为好，放养前龟体可用 1%的盐水消毒 3 分钟。

3. 饲养管理

(1)投喂

西氏长颈龟最喜欢吃活的小鱼，而且在抓活鱼吃的时候也很有观赏性，所以饲养西氏长颈龟最好有个暂养活鱼的小池，每天投喂一次，投喂量以龟总体重的12%比例。

(2)调水

适当换水因为饲养西氏长颈龟的水量本来就不多，所以看情况适当换水就可，换水时的水温要求和原来盆里的水温一样。

十五、纳氏伪龟的家庭饲养

纳氏伪龟别名火焰龟，原产地美国佛罗里达州及佐治亚州东南。21世纪初引入我国，市场上颇受消费者喜爱。

(一)纳氏伪龟的形态特征

纳氏伪龟头顶中央具有一较粗且短的纵条纹；头顶前端有一黄色条纹，经头侧部延伸至颈部。背甲椭圆形，绿色，每块盾片(除缘盾外)中央均为黄色粗条纹，周围有黄色和绿色细条纹镶嵌。腹甲淡黄色(稚龟为橘红色)，无任何斑点。头部绿色，四肢绿色，黄色粗条纹镶嵌其间。尾短，绿色与黄色镶嵌。

(二) 纳氏伪龟的生态习性

纳氏伪龟主要生活于池塘、沼泽等淡水地域。杂食性，水草、蠕虫等均食。纳氏伪龟耐寒能力较强，水温5℃左右能安全冬眠，水温18℃吃食，适宜水温25℃左右。

(三) 纳氏伪龟的繁殖习性

在原产地，在温度适宜的情况下，纳氏伪龟全年均可繁殖。我国目前采取人工繁殖的措施，大大提高了纳氏伪龟的繁殖效果。

(四)纳氏伪龟的家庭饲养

1. 饲养设备

纳氏伪龟既抗寒，又耐热，对饲养条件和环境要求都不高，只要有水和食物就能正常生长发育。在室内用观养缸、盆、水池都可以进行饲养。庭院观养用砖和水泥砌高60厘米的水池，池内壁上部20厘米可用光滑的瓷砖镶嵌，既可起到防逃作用，也比较美观。面积应根据龟的数量而定。新建的水泥池必须用清水冲洗并晾晒3～5天后再用。使用时池底需铺20厘米泥沙，池外四周还要筑60厘米高的围墙，在水池与围墙之间还需铺一层细沙，以供其上岸活动和产卵之用。

2. 放养与管理

刚孵出的稚龟，应暂养20小时待脐带干脱后才可开食放养，如是室内观养，应把观养缸内的水温调到25℃，放养时用1%的盐水消毒5分钟，放养后头几天喂煮熟的小麦、小米、鸡蛋、南瓜等混合料，也可喂切碎的鱼肉、蚌肉、动物内脏等，每天投喂 2 次，投喂量以少有剩余为宜，10 天后也可喂市售的专用饲料，投喂时间一般为 1 小时，1 小时后要及时清除残料。

如是室外庭院饲养，放养和管理可用同样的方法，但到冬季要注意保暖，使幼龟能安全越冬。第二年 3 月底 4 月初纳氏伪龟从冬眠中苏醒过来开始活动，温度达到 20℃开始摄食，26～32℃时食欲最旺。投喂以动物性饲料为主植物性饲料为辅。纳氏伪龟的动物饵料是小鱼、蚌肉、螺肉、蚯蚓等，植物饲料是玉米、高粱、小米等谷实等。每年 6～9 月份是摄食活动的高峰期，增重速度也最快，因此，这 4 个月应让其多吃快长。如是混合饲料中还要注意添加多种维生素、微量元素和钙，投喂每天上午 9 点、下午 5 点，投喂量以其体重的 10%左右为宜。观养季节要经常换水，一般春秋两季每 10 天更换一次，夏季每 5 天更换一次。当气温低 15℃纳氏伪龟便伏于池底泥沙处进入冬眠状态。此时要注意保温工作，最好在水池四周盖上稻草或塑料薄覆盖保温过冬。

(四)纳氏伪龟的繁殖

在我国华东地区，1 岁左右的纳氏伪龟性腺基本成熟，一般在 5 月初进行交配，6～9 月进入产卵期，每年产卵分 4 次完成，每次产卵 5～10 枚。目前我国采用人工孵化的方法。即等龟产完卵后，把龟卵收集起来，对准阳光观察，挑出内部红润的好卵，置于高 10 厘米、宽 50 厘米、长 70 厘米的孵化箱内，箱内铺6厘米厚的细沙，把卵摆好后再盖上4厘米厚的细沙。孵化期间保持温度在30℃，每天洒水1次，70天左右可孵出稚龟。

十六、绿毛龟的家庭饲养

绿毛龟，不是真正分类上的观赏龟种类，而是天然或用人工手段使水栖龟类体表着生绿色丝状藻共生体的通称，由于着生的绿色丝状藻体细长如毛，故叫绿毛龟。

（一）“绿毛”的形成

绿毛龟身上的“绿毛”是绿藻门，绿藻纲，刚毛藻目，刚毛藻科的一些丝状藻类，如基枝藻属的基枝藻、龟背基枝藻。自然环境中，这类藻类生长在淡水的湖泊、河流、溪涧、水沟中，并喜欢在含有钙质的基质上固着。在适宜的光照、水质、温度等条件下，藻类的4根鞭毛状流动孢子借助鞭毛在水中不断游动，并以化学趋向性寻找钙性基质固着。游动孢子固着后，经过一段时间的休眠便开始萌发，长出藻枝来。水栖龟类因有坚硬含钙的盾甲，在水中行动迟缓，代谢较慢，具备了绿藻游动孢子附着条件。因此，在各种自然条件具备时，活动于水中的绿藻孢子，遇到富含钙质的龟甲便可固着，并在适宜的条件下孢子萌发生出丝状体不断生长，龟背上的“绿毛”由此形成。

（二）龟体绿毛的殖生培养

殖生藻丝的龟类品种很多，只要是生活在水中的黄喉拟水龟、巴西龟、草龟、眼斑龟、金钱龟等都可以，但多年的实践证明，由黄喉拟水龟培植绿毛龟成功率高，质量好，着毛年头长也特别美观，而且与金钱龟、眼斑龟等特名贵的观赏色相比，也比较经济实惠。所以国内爱好者一般都选黄喉拟水龟藻丝的培植龟。

在自然环境中，这种藻主要生长固着在水质较好并富钙质的淡水溪流河沟的基质中。由于杂藻较多，初养者很难选好纯真的龟背基枝藻，所以最好的办法是到销售绿毛龟的宠物市场买藻丝自己扩繁。殖生培养可分以下几个步骤：

1. 培养孢子水

由于藻丝体初生态为带鞭毛的游动孢子，是游动孢子固着龟背后经过休眠萌发才逐步长成藻丝，所以要先培养孢子水，方法是把采来的藻丝或绿毛龟放到温度在 20～25℃的清水中通过适宜的光照 3～5 天后水中就有孢子，此时可捞出藻丝或绿毛龟。

2. 培育营养孢子液

先用中药当归 100 克，松叶 50 克合剂加 450 克水用文火煎成 150 克药汁。在每 10 升孢子水中加中药汁 15 克、红糖 2 克、Vc 钙泡腾片两片（化好），维生素 B_{12} 1 克，然后搅匀，即成营养孢子液。

3. 接种

把黄喉水龟等龟种放入装有营养孢子液的容器中，营养孢子液的深度以漫过龟体背为宜,接种龟放入营养孢子液后置半阴半阳处,期间不喂食也不换水,一般只要温度适合30天就能长出绿毛。

(三)绿毛龟的品类与评价

由于绿毛龟的价值很高,所以观养者应了解些绿毛龟的品类与评价,根据国内外市场和消费者评述及有关专家的评价标准,现把绿毛龟的品类与评价简述如下。

1.绿毛龟的品类

由于绿毛在龟体上着生的部位和形状不同,便形成了绿毛龟的不同品类。据于清泉介绍,绿毛龟的品类大致可分为以下几种。

①天缨绿毛龟:即仅在龟背甲上着生绿毛的绿毛龟。

②天地缨绿毛龟:背甲、腹甲均长有绿毛的绿毛龟。

③单缨、双缨、三点缨、器缨绿毛龟:即分别为一足长绿毛、二足长绿毛、三足长绿毛、四足长绿毛的绿毛龟。

④牡丹头绿毛龟:为头顶上长有绿毛的绿毛龟。多为鹰嘴绿毛龟,样子很威武。

⑤吕缨绿毛龟:头、尾长有绿毛的绿毛龟。

⑥品缨绿毛龟:头部和两前足长有绿毛的绿毛龟。

⑦胡子缨绿毛龟:在脸颊或上下颌长有绿毛的绿毛龟。

⑧长毛缨绿毛龟:一般将绿毛长超过35厘米的绿毛龟称为长毛缨绿毛龟。

⑨五子夺魁绿毛龟：即头部、四足、背腹甲均长有绿毛的绿毛龟。

2. 绿毛龟的评价

评价绿毛龟一要看基龟的种类，二要看绿毛着生部位及其长短、疏密、色泽等。据于清泉《养龟技术》、李福荣等《龟》中介绍，一般以四眼斑龟、眼斑龟、金钱龟、鹰嘴龟等为基龟培育出的绿毛龟较为名贵，以黄喉水龟作基龟培育出的绿毛龟最为正宗，以乌龟为基龟培育出的绿毛龟最普遍。另外，以巴西翠龟为基龟培育出的绿毛龟，也是绿毛龟中的佳品。从绿毛来看，以绿毛长而密、颜色碧绿者为上品，尤以头、四足、背腹甲等均生有绿毛者为最名贵，仅背腹甲生有绿毛者品极较低。按欣赏价值和经济价值的差异，将绿毛龟划分为五个等级。

①特级：基龟形态完美，扁而椭圆，无残缺，无疾病，头部黄色纹明显，两眼有神，活动灵敏，体重 250 克左右，毛长 25 厘米以上，背、腹、四足及头尾均长有毛，毛长短均匀，粗而密，呈碧绿色，无杂藻。

②甲级：基龟体形优良，无残缺，无疾病，头部有黄色条纹，两眼有神，活动灵敏，体重 100～150 克之间，毛长 20 厘米左右，背、腹、四肢长有毛，毛粗而密，呈碧绿色。

③乙级：基龟体形一般，无疾病，无残缺，活动灵敏，毛长 15 厘米左右，仅背部有毛，毛粗而密，呈绿色。

④丙级:基龟体形一般,无病,毛长10厘米左右,背部长毛,绿色,毛长短不一,粗细不均,有杂藻。

⑤丁级:毛长5厘米以上,背部毛长短不一,造型不好,有残疾,活动缓慢,头部无黄色纹。

第二节　半水栖观赏龟的家庭饲养

半水栖观赏龟的特点是脚有半蹼,所以它可根据气候的变化既可在水中生活又可在陆地生活,半水栖观赏龟的基本生态习性和水栖龟类差不多,所以饲养时可参考水栖龟类的方法。目前在我国饲养的半水栖观赏龟主要有黄额盒龟、黄缘盒龟、地龟和地图龟。

一、黄额盒龟的家庭饲养

黄额盒龟别名海南闭壳龟,主要分布越南北、中部和缅甸部分地区。我国广西南部和海南也有分布,黄额盒龟的品种较多,在市场上的价格差距也很大,所以在选种时要注意辨认。

(一)黄额盒龟的形态特征

黄额盒龟头部较宽,顶部淡黄色,吻钝,上喙无锯齿。背甲圆形,中央隆起较高,淡黄色,布满黑色或棕色规则花纹,以中央嵴棱为界限,两边花纹对称;背甲后缘不叶锯齿状。腹甲平坦，黑色，也有一部分个体腹甲叶淡黄色，每块盾片有圆形黑色斑点。背甲与腹甲间借韧带相连，且能闭合。四肢灰色，上有黄色杂斑点，指、趾间具半蹼。尾黑色且短。

（二）黄额盒龟的生态习性

在野生环境中黄额盒龟主要栖息在干净宁静的山区溪流边潮湿的土地上，黄额盒龟特别喜欢夜间出来活动。偶尔也在白天到浅水处洗澡戏水。黄额盒龟以动物性饵料为主，如小虫、蚯蚓、蝗虫、瘦猪肉等，但也少量吃些鲜嫩的果实。

（三）黄额盒龟的繁殖习性

每年6～10月份为繁殖期，卵白色，呈长椭圆形。

（四）黄额盒龟的室内饲养

黄额盒龟家庭饲养大多采用玻璃缸、陶瓷盆或木箱，里面也可少量装些点缀物。黄额盒龟晚上比较活跃，但白天的活动量很少，所以只有在投喂时才有些活动，经人工驯养的黄额盒龟要好得多，但和其他龟类比，白天的行动也是比较迟钝的龟类。

1. 种苗选购

虽然黄额盒龟在白天的行动比较慢，但当预感到危险时也会很快闭合，所以挑选时主要观察其闭合时的速度，一般闭合较快的可视为健康，否则反之。家庭室内饲养黄额盒龟的规格以50～400克的为好。

2. 种苗放养

在做好饲养缸和饲养盆的消毒后就可装水，放养前先少装些水，一般以没过脚就可，也有先放龟后放水的，总的水层以不超过龟背的高度为宜。放养前龟体可用1%浓度的盐水浸泡5分钟。

3. 饲养管理

(1)投喂

黄额盒龟是以动物性饵料为主的杂食性龟类，所以平时投喂就应以黄额盒龟喜食的肉类为主，夏季也应投喂些新鲜的水果。黄额盒龟一天投喂1次，投喂量为龟总体重的10%的比例。投喂后1小时吃完为准，并以实际吃食情况灵活调整投喂量。因黄额盒龟在20℃以下不吃东西，22℃以上开始摄食，28℃是最佳进食温度。值得注意的是黄额盒龟特别怕惊扰，所以在投喂黄额盒龟时尽量要保持安静，否则会严重影响黄额盒龟的正常吃食。

(2)调水

因为饲养黄额盒龟的水层不深，所以饲养缸中的水量也较少，一般适当换水和给黄额盒龟洗背是日常的管理，换水没有固定的规律，一般当水稍有些异味就应彻底换掉。

二、地龟的家庭饲养

地龟别名树叶龟、十二棱龟，为半水栖龟类。

地龟主要分布于我国的华南和华中地区，为国家二级保护动物。

(一)地龟的形态特征

地龟头部褐色，无条纹，上喙钩形。背甲呈枫叶状，体色橘黄色，背甲前后缘呈锯齿状，且前后缘呈锯齿状的盾片加起来有12枚，背甲上有3条嵴棱，中央1条较明显。腹甲黄色，中央具大块黑斑。甲桥黑色，无腋盾。四肢浅棕色，散布红色或黑色斑纹，具大小不一鳞片，指、趾间具半蹼。尾灰褐色且短。

(二)地龟的生态习性

地龟主要生活在山区丛林的清澈小溪和水流较缓的阴湿地区，不能长时间生活在水中，尤其不能进入深水域，所以多栖息在安静的草丛或石坎边。地龟食性很杂，主食一些小型动物，如蚯蚓、蚂蚁、蟋蟀、蝼蛄等，偶尔也吃些鲜嫩的果草。人工饲养可投喂瘦猪肉、鸡肉和人工配合饲料，地龟食量小，生长慢。

(三)地龟的繁殖习性

地龟在潮湿的土地上掘穴产卵，分批产卵，每次产2～4枚，年产卵10枚左右，卵重5克左右。

(四)地龟的室内饲养

1. 种苗选购

家庭饲养的地龟，要注意挑选质量，没经验的最好选购人工驯养过的地龟，挑选是要掌握好地龟的外部形态特征，如地龟最特别的特征是前后缘呈强锯齿状并略上翘的12枚盾片，而规格应选在20～200克的健康种龟。

2. 种苗放养

家庭饲养地龟，主要在室内，一般用饲养盆，盆中应放置些点缀性的隐蔽物和石窟，也可在盆中设些沙滩。一般是先放龟后放水，水的深度不要超过地龟背甲高度的2倍，水温要求和室内的温度一样，放养前龟体可用碘制剂药水按产品说明进行消毒。

3. 饲养管理

(1)投喂

地龟对人工饲养环境的适应力弱，一般刚购买的地龟不会马上吃食，所以驯养要耐心。投喂饵料要多样化，如黄粉虫、蚯蚓、黄瓜条、西瓜等都可以。地龟吃食时环境要保持安静，地龟的食量与室内的温度有关，地龟在室温达到20℃时，才开始正常喂食，25℃以上吃食开始旺盛，温度过高也会影响吃食。地龟一天投喂1次，夏天到晚上再添加些瓜果就可。投喂量以投喂后1小时吃完为准。

(2)生态管理

主要是清理饲养盆内的残饵和适当换水，特别是夏天要注意盆内气味，如有异味，有时需一天换两次水，由于水量较少，换起来也不会麻烦。

三、黄缘盒龟的家庭饲养

黄缘盒龟别名金头龟、断板龟，为半水栖龟类。

黄缘盒龟主要分布于我国的华东、华中、华南和台湾等地域。

(一)黄缘盒龟的形态特征

黄缘盒龟头部光滑无鳞，吻前端平，上喙有明显钩曲，鼓膜圆而清晰，眼睛大，眼后有一条金黄色宽弧纹。背甲棕红色或棕褐色，显著隆起，正中脊棱蜡黄色，背面盾片具明显的同心环纹。腹甲平坦，前后浑圆，颜色为棕黑色或黑褐色，外缘与缘盾腹面鲜米黄色。腹甲中间有一横断沟纹将腹甲分为前后两半，当头、尾、甲肢缩入甲壳后，腹甲的前后两半可闭合于背甲。四肢扁平，上有鳞片，指(趾)间具半蹼，尾较短。

(二)黄缘盒龟的生态习性

在野生环境中，黄缘盒龟主要栖息于丘陵、山区的林缘、杂草及灌木丛中，在树根下、石缝中等较安全的地方，其栖息地往往离水较近，喜群居，常常见到多个龟居住在同一洞穴中。黄缘盒龟性情十分温顺，同类之间很少争斗，遇到敌害，往往是将头、四肢和尾缩入壳中消极防御。春、秋两季，气温20℃左右时，黄缘盒龟多在中午活动，而夏季气温30℃左右时，多在夜间、清晨和傍晚活动，白天则隐洞穴或沙土中。下雨时，喜到外面淋雨。气温在19℃以下时停食，在13℃以下时进入冬眠。冬眠地点多在背风、向阳的树洞、枯草丛中。因黄缘盒龟为半水栖龟类,所以一般不在深水处活动。

黄缘盒龟的食性很杂,在自然界中以各种昆虫、蚯蚓、蜈蚣,甚至小蛇为食,也吃些鲜嫩的植物茎叶。人工饲养条件下,喜食肉类、鸡肝、黄粉虫等动物性饵料,在家庭饲养中也吃些柔软的米饭。黄缘盒龟不喜欢吃腥,所以海、淡水鱼类一般都不吃。

黄缘盒龟生长较慢,依龟体大小及营养状况,每年增重量一般只有 20～50 克。雄龟生长速度要慢于雌龟。雌龟体重可达 1 000 克以上,而雄龟则很少有超过 500 克的。

(三)黄缘盒龟的繁殖习性

黄缘盒龟的成熟标准与黄缘盒龟的性别有很大的关系,如雄龟体重达 280 克就有交配等性行为,但雌龟则要达到 500 克才能接受雄龟的性嬉戏和交配。黄缘盒龟的交配期为每年的 4～10 月份气温 26℃以上时。交配前,雄龟围着雌龟打转,有时在雌龟的前部阻止雌龟前行。若雌龟不动,雄龟则爬到雌龟背上,此时雌雄龟尾绕在一起,时间长达 10 分钟。5～9 月份为产卵期,其中 7、8 月份为产卵高峰期,产卵时间多在傍晚或凌晨,雌龟将卵产在湿润、向阳的沙土里,产完卵后覆盖好就离去,如果雌龟找不到合适的产卵地方,也会将卵产在草堆或沙土上。黄缘盒龟每年产卵 2～3 次,每次 2～5 枚不等,黄缘盒龟产卵多少和卵的个体大小与雌龟的体重年龄及营养状况有关，一般壮年的黄缘盒龟产卵的数量多卵体也大。黄缘盒龟的卵长椭圆形，白色，卵重 8～18 克。

（四）黄缘盒龟的室内饲养

1. 种苗选购

家庭饲养的黄缘盒龟种苗可到城市的花鸟鱼虫市场选购，而且最好选购经过人工驯养好的种苗，选时要选体表光滑，体色亮泽，遇到碰触马上闭合的种苗。家庭室内饲养的规格以 20～400 克为宜。

黄缘盒龟幼苗

2. 种苗放养

黄缘盒龟是半水栖龟类，所以在家室内饲养以盆养为好，盆中应设些隐蔽的点缀物，并可有意识的设置些洞穴和沙滩，也可养些水草美化环境。黄缘盒龟的放养密度为 20～150 克规格的每平方米放养 15 只，150～300 克的每平方米放养 5～8 只。放养前龟体应用碘制剂消毒溶液按产品说明进行体表消毒。放养时应先放到水上的景物设置上，让其自行爬到水中。

3. 饲养管理

(1)投喂

投喂黄缘盒龟的饲料很多，实在没有时，大米饭也能吃，但在人工喂养中鸡肝是既经济又爱吃的食物。鸡肝在喂前要清洗干净，然后剪成小块放在食盘中投喂，投喂量为龟总体重的 10%。一般一天投喂 1 次，如是夏天还应补充点水果块。

(2)生态管理

及时清除残饵是保持水体洁净的有效措施，黄缘盒龟喜干净，所以当水体稍有异味时就应及时换水，因饲养盆中的布置景物一般较多，所以换水可采用导管先把水引出，然后擦干盆底，再把与原来水温度相同的水倒入就可。

(五)黄缘盒龟的庭院饲养

黄缘盒龟性格温顺食性又杂所以也比较适合庭院饲养。黄缘盒龟庭院饲养的条件和设施基本同水栖龟类差不多，但在布置上还是有较大的区别。庭院饲养黄缘盒龟不必布置很多高的景物，如假山楼阁等，只要有些洞穴和沙滩就可，当然也可种养些水草，而且池水不要求太深。

1. 种苗选购

黄缘盒龟庭院饲养的种苗选购方法和质量要求与室内饲养相同,但在规格要求上可根据自己的饲养目的自定。如想在饲养的基础上搞些养殖经营,那么在规格上可选些能繁殖的成熟亲龟,也可根据自己的需要把不同规格的种苗放在一起,只要密度合理,都能饲养。

2. 种苗放养

黄缘盒龟在放养前应把池塘清理干净后用市售的碘制剂消毒剂消毒,然后放水,一般要求放水后两天再放龟,放养前龟体要用1%浓度的盐水消毒。放养时应把龟放到水中的沙滩上。然后让其自行爬到水中或进洞穴。

3. 饲养管理

(1)投喂

黄缘盒龟平时可投喂小虫、蚕蛹、鸡肝、瘦肉等,夏季还可投喂些新鲜的果皮蔬菜,果蔬在投喂时要切成小块后再投喂。黄缘盒龟春、秋季每天中午投喂一次,夏季高温季节,上、下午各喂一次,每次投喂量以给食后1小时吃完为好,食后剩余饲料要及时清除。

(2)调水

保持水质良好,及时换水,特别是在盛夏季节,还要注意遮荫降温，尤其要防止敌害生物危害龟，如猫、鼠等。

4. 产卵孵化

黄缘盒龟的产卵时间与收集方法同乌龟差不多，但应引起注意的是黄缘盒龟有吃卵现象，故在亲龟产卵后应及时采卵。孵化箱可用木箱，事先在木箱底部打几个小孔，以防箱内积水影响孵化。箱内铺上 3～4 厘米厚的湿润河沙土，然后把龟卵依次排在沙土上，卵半斜放，大头在上，小头在下，卵与卵之间保持 3 厘米左右的距离，卵摆正后，在卵上加盖 3 厘米厚的湿沙土，再放第二层卵，卵放好后再照样盖上湿润的沙土。

正在产卵的黄缘龟

箱子放入 30～35℃的室内孵化。孵化过程中，室温要保持相对恒定，不能忽冷忽热；每隔 2～3 天检查一遍，如发现沙土干燥发白，可淋少量清水。一般这样的孵化环境中，60 天左右就能孵出稚龟。

第三节　陆栖龟类的家庭饲养

我国家庭饲养的陆栖龟类大多是从国外引进的，近几年随着我国民众生活品质的提高，家庭饲养陆龟的也越来越多，特别是我国的珠三角、港澳地区，发展很快，我国内地一些城市居民也有很多饲养的，到目前为止，我国引进的陆栖龟类共有近 50 个品种，但大多因养殖习性和繁育经验的不足，数量也很少，以下主要介绍在我国饲养已经比较成熟的几种陆龟的家庭饲养方法。

一、陆栖龟类的形态特征与生活习性

陆栖龟类的生物学特性是脚趾间无蹼和肺呼吸，我国的陆龟极少，目前养殖的大多数由美洲、澳大利亚、东南亚、欧洲和非洲等地区引进，如印度陆龟等。陆栖龟类主要生活在温热干燥的气候环境中，所以陆栖龟类在我国的华南、西南和港澳养殖较多，陆栖龟类的食性也很杂，但主要以植物性饲料为主。

(一)印度陆龟

印度陆龟，别名黄陆龟，主要分布于印度和印度尼西亚等国，我国近年引养成功。

1. 印度陆龟形态特征

印度陆龟头部黄色，头前端较尖，上喙钩形。背甲淡黄色带有黑色杂斑纹，背甲呈长椭圆形，高拱，中央略平坦，无颈盾。腹甲黄色带有黑色杂斑纹，腹甲后缘缺刻较深。四肢黄色，四肢表面鳞片较大，前肢 5 爪，后肢 4 爪，尾短。

2. 印度陆龟生活习性

印度陆龟喜欢生活在温暖的热带雨林和山地。在自然环境中喜食鲜嫩的瓜果和多汁的树叶。人工饲养可投喂新鲜的瓜果蔬菜如西瓜、黄瓜、香蕉、番茄、苹果等，也应补充些动物性饲料如猪肝、鸭肝、精肉等，但印度陆龟不食带腥味和有异味的食物，如鱼、虾、芹菜和韭菜等。

20℃以上开始吃食，32℃以上时开始夏眠，15℃以下时吃食基本停止，越冬期温度要保持在 8～10℃，若低于 3℃，就会冻死。所以印度陆龟的最适生长温度为 22～32℃。印度陆龟怕寒冷，所以冬季室温应保持在 25℃以上。

(二)豹纹龟

豹纹龟学名豹龟，主要分布非洲东部和南部。

1. 豹纹龟的形态特征

豹纹龟头部较小，呈黄色，上喙钩形。背甲椭圆形，隆起较高，黑色或淡黄色，每块盾片上具乳白色或黑色斑纹，似豹纹，无颈盾。腹甲淡黄色，胸盾沟极短，后缘缺刻。四肢淡黄色，前肢前缘有大块鳞片。尾短，黄色。

2. 豹纹龟的生活习性

豹纹龟喜欢生活在温暖的山地草原和丛林灌木周边的干燥地区。豹纹龟在自然环境中喜食植物的叶、果实和鲜嫩的草。人工饲养可投喂莴苣、包心菜、生菜和西瓜、菜瓜等，豹纹龟喜高温，一般最适宜的生长温度在 25～32℃，温差不超过 5℃，低于或高于都会影响生长。

（三）印度星龟

印度星龟，别名星星龟。主要分布在斯里兰卡、印度和巴基斯坦，我国从 20 世纪 90 年代开始引养，因其体背条纹色彩艳丽，故很受我国消费者喜爱。

1. 印度星龟形态特征

印度星龟头部黄色与黑色镶嵌，上喙呈钩形。背甲深棕色，每块盾片上均有淡黄色放射状花纹（每一只个体的背甲放射状花纹均不相同，似星星状），背甲呈长椭圆形，顶部隆起，无颈盾，背甲前后边缘呈锯齿状。腹甲深棕色，具淡黄色放射状花纹，具 2 枚喉盾，后缘缺刻。四肢黄色与褐色镶嵌，前肢具大块鳞片。尾短。

2. 印度星龟生活习性

印度星龟喜生活在温热的气候地带。常栖息于林地灌木丛、沙漠边缘干燥地。印度星龟在自然环境中喜食鲜嫩的植

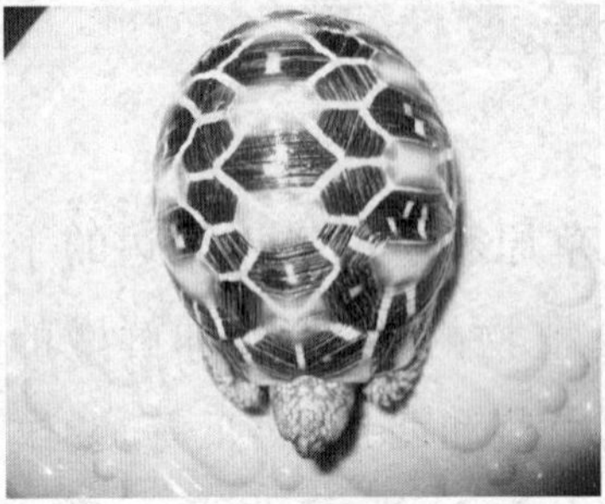

印度星龟幼苗背部

印度星龟幼苗腹部

物茎叶和多汁的鲜果。人工饲养下可投喂新鲜的瓜果菜叶，如包心菜、番茄、胡萝卜、苹果、甜梨等。印度星龟喜暖怕寒，最适宜的生长繁殖温度在 25～33℃。

(四)缅甸星龟

缅甸星龟别名星龟，主要分布在缅甸南部，我国从近年开始引进，因其色彩艳丽，形态可爱，故深受我国消费者喜爱。

1. 缅甸星龟形态特征

缅甸星龟头颈部呈黄色，头顶具鳞片。背甲椭圆形，呈绛红色，每块盾片上均有淡黄色六角形斑纹，斑纹左右对称，每边由 3 条淡黄色条纹组成，背甲前后缘略呈锯齿状。腹甲淡黄色，有对称大块褐色斑纹，腹甲后缘缺刻较深。四肢淡黄色，布满大小不一的鳞片，前肢 5 爪，后肢 4 爪。尾淡黄色，较短。

2. 缅甸星龟的生活习性

在野生环境中缅甸星龟喜栖息在较干燥的林地和山地灌木丛中。缅甸星龟平时采食多肉的植物叶和果实为主。人工饲养可投喂各种新鲜的瓜果蔬菜。缅甸星龟喜暖怕寒，最适宜的生长繁殖温度在 22～30℃。

(五)缅甸陆龟

缅甸陆龟主要分布于印度、尼泊尔、马来西亚和印度尼西亚等国。我国两广交界处也有分布。

1. 缅甸陆龟的形态特征

缅甸陆龟头部黄色，头前端较尖，上喙钩形。背甲淡黄色带有黑色杂斑纹，背甲呈长椭圆形，高拱，中央略平坦，有颈盾。腹甲黄色带有黑色杂斑纹，腹甲后缘缺刻较深。四肢黄色，四肢表面鳞片较大，前肢 5 爪，后肢 4 爪。尾短。

2. 缅甸陆龟的生态习性

缅甸陆龟是生活在气候温热的安静山地、丘陵及灌木丛林中。缅甸陆龟以植物性饲料为主，动物性饲料为辅，在自然环境中，缅甸陆龟喜食花、草、野果、真菌等。人工饲养可投喂瓜果蔬菜和少量的猪肝、鸡肝和鲜鸡肉等饲料。缅甸陆龟 19℃开始进食，25～33℃为最佳生长温度，超过 35℃也要进行夏眠。15℃进入冬眠，冬季室温不能低于 8℃，也不能高于 12℃。

(六)凹甲陆龟

凹甲陆龟别名麒麟陆龟，主要分布在我国广西、海南、湖南、云南等省，为我国二级保护动物。缅甸、马来西亚、越南也有分布。

1. 凹甲陆龟的形态特征

凹甲陆龟头部黄色，有黑色小斑纹，上喙呈钩形。背甲短圆形，黄色带有黑色杂斑，前后缘盾均呈锯齿状，背甲前缘颈盾处缺刻深，椎盾和肋盾中央凹陷。腹甲宽短，黄色，有黑色杂斑。四肢黄色，鳞片为黑色。尾部两侧具1对尾上鳞，尾较短。

2. 凹甲陆龟的生态习性

凹甲陆龟喜生活于环境干燥的林地里。在自然环境中，凹甲陆龟取食竹笋、野果等植物。人工饲养可投喂些瓜果如黄瓜、香蕉、苹果和梨等。凹甲陆龟喜暖怕寒，生长适宜温度为25～30℃，过高就会到隐蔽到温度适宜的树阴和洞穴中，当气温低于20℃时会静缩不动，冬眠期室温保持8～15℃。

(七)苏卡达陆龟

苏卡达陆龟别名象龟，主要分布在非洲中部。

1. 苏卡达陆龟的形态特征

苏卡达陆龟成龟头部灰褐色，幼龟头部呈淡黄色，头部鳞片较小，上喙钩形。成龟背甲褐色，幼龟背部绛红色，每块盾片上有淡黄色斑块，呈椭圆形，背甲隆起较高，中央平坦，无颈盾，背甲前缘缺刻较深，背甲前后缘均呈锯齿状。腹甲淡黄色，喉盾较厚且较突出，腹甲后缘缺刻。四肢淡灰褐色，前肢前缘有大鳞片。臀部具发达小刺状硬嵴，尾短。

2.苏卡达陆龟的生态习性

苏卡达陆龟生活于气候炎热的沙漠周边和热带草原等地域。在自然环境中，以多肉植物为主要食物，如鲜嫩的青草和植物茎叶等。人工饲养可投喂各种瓜果蔬菜，如包心菜、胡萝卜、黄瓜、西瓜和菜瓜等多肉的瓜菜。苏卡达陆龟 25℃开始吃食，生活生长的适宜温度 27～32℃；若环境温度过高，易造成脱水、食欲衰退等病症。苏卡达陆龟喜干燥高温环境，无冬眠现象。

(八)纳米比亚珍陆龟

主要分布于纳米比亚西南部。我国从 21 世纪初引养，很受消费者喜欢，但繁殖技术目前还不太成熟。别名布氏陆龟，主要分布于纳米比亚西南部。

1.纳米比亚珍陆龟的形态特征

纳米比亚珍陆龟头部淡黄色，有小的鳞片，上喙钩形。背甲淡黄色，有黑色杂斑纹，背甲顶部平坦，不呈圆拱形，缘盾 12 对。腹甲淡黄色，有一些黑色杂斑纹。四肢淡黄色，前肢有覆瓦状鳞片。尾短，尾部两侧没有硬结节。

2. 纳米比亚珍陆龟的生态习性

纳米比亚珍陆龟喜生活在温热的内陆平坦山地。喜食瓜果菜草等鲜嫩的植物。纳米比亚珍陆龟喜暖怕寒，最佳生长温度为 25～33℃。

二、陆栖龟类家庭饲养的基本要求

由于陆栖观赏龟类与其他龟类的观养条件有很大的不同，所以简单介绍一下陆栖龟类家庭饲养的基本要求。

1. 温度适合

我国引进的陆龟大多来自美国西部和东南亚等气候比较温热的地区，所以要求的温度要高于其他龟类，一般生长温度要求达到 25℃以上，特别是在陆上生活，所以合适的温度是陆龟生活生长的必要条件，所以无论是室内还是室外饲养温度都要达到标准，否则就不要去养。

2. 安全保证

无论是室内还是庭院饲养，安全是很重要的，一是防逃，陆龟也喜欢捣洞和逃逸，所以饲养范围内的防逃栏栅一定要建好。二是敌害侵袭，一般的昆虫、蛇鼠和猫狗等动物几乎都会伤害饲养的陆龟，所以防护也一定要做好。

3. 环境安静

大多陆龟比较胆小喜静，特别是采食和产卵的时候，一受到惊扰就会影响吃食和繁殖,这不但会影响陆龟的生长也会引发陆龟的疾病。所以在饲养环境中保持安静舒适的环境也很重要。

三、陆栖龟类家庭饲养的饲料要求

陆栖龟以植物性饲料为主,所以凡测定为无公害的瓜果菜蔬均可作为陆栖性观赏龟的饲料,它不但可直接投喂起到营养的作用,还有预防龟疾病的作用,现把经常可作陆栖性观赏龟饲料的瓜果菜蔬介绍如下(表 3-1)。

表 3-1 鲜活植物性饲料的营养成分与作用表

鲜活植物饲料名称	主要营养成分	作用	添加比例
菠菜	胡萝卜素、维生素 C、维生素 E、辅酶 Q_{10}、叶酸、草酸、蛋白质、微量元素、纤维素等物质	提高免疫力增强抗病力	日干饲料量 8%
卷心菜	葡萄糖、芸薹素、酚类、多种维生素,含丰富的维生素 U	益脾胃、补骨髓	日干饲料量 10%
空心菜	烟酸、胡萝卜素、维生素 C、维生素 B 族、蛋白质、糖类、无机盐	消肿去瘤、清热解毒	日干饲料量 6%
番茄	维生素 C、维生素 P、谷胱甘肽、柠檬酸、苹果酸、糖类	清热生津、凉血消肿	日干饲料量 10%
萝卜	蛋白质、糖类、糖化酵素和淀粉酶	帮助消化吸收促进生长	日干饲料量 6%
胡萝卜	糖类、蛋白质和多种维生素。其中以胡萝卜素含量最多	抗氧化作用,是一种抗癌物质	日干饲料量 5%
苹果	苹果酸、蛋白质、糖类、奎宁酸、酒石酸、鞣酸及各种维生素	补脑补血、安眠、解毒	日干饲料量 10%
橘子	维生素 C、维生素 A、蛋白质、糖类、此外还含丰富的枸橼酸,橘皮还含橙甙、柠檬酸、柠檬萜等有效成分	疏肝理气、消肿解毒	日干饲料量 6%

续表 3-1

鲜活植物饲料名称	主要营养成分	作用	添加比例
梨	有机酸、葡萄糖、蛋白质和各种维生素	生津止渴、解毒的功效	日干饲料量6%
猕猴桃	维生素C是苹果的20倍，还有糖类、蛋白质	防治肝炎的作用	日干饲料量5%
菠萝	糖类、多种维生素和有机酸。菠萝果汁中还含有菠萝原酶	消水肿抗、炎的作用	日干饲料量5%
草莓	糖类、维生素、氨基酸、柠檬酸、苹果酸和微量元素	生津健脾、防病抗病	日干饲料量6%
葡萄	葡萄糖和多种维生素。特别是维生素C和维生素P含量丰富	营养和解毒作用	日干饲料量6%

上述鲜活植物性饲料在投喂前最好清洗干净。投喂时可切成小块。

四、陆栖龟类家庭饲养的设施要求

饲养陆龟的设施主要是饲养场所，如室内饲养的饲养箱和庭院饲养的小景院和小景屋等。

观养箱里的陆龟

观养箱里的星龟

1. 室内饲养箱

观养箱是观养陆龟特有的，因陆龟是陆栖龟类，不用水，所以用箱就可观养。观养箱可用木板、铁皮或玻璃作成，但正面必须是能看到的透明玻璃，大小可根据观养数量和规格大小自定，一般情况下小型的长 60 厘米，宽 50 厘米，高 40 厘米，大型的长 100 厘米，宽 70 厘米，高 50 厘米。做时需达到以下要求。一是采光和采暖设施。因陆龟大多来自气候温热地区，平时的生长温度在 28～32℃，因此到冬季室温低于 20℃时应加温，否则会影响观赏龟的健康生长。此外，陆龟喜光，所以每天应有不少与 5 小时光照时间。二是柔软的铺垫物。为了避免陆龟在箱中活动时擦伤底板和点缀箱内环境，一般要求铺一层鲜嫩柔软的青草或干草，也有用干净的沙土，沙与土的比例为 6∶4，铺垫层一般为 5～10 厘米。三是为了提高观赏性，在箱内的箱壁上衬托一些风景画作为背景。四是设食盘和水盘，食盘和水盘应设在箱内的一角，并高出箱底 2 厘米。五是设通气通风口，通气通风口可设在箱顶的一角或对角。

2. 陆栖龟类庭院饲养小景院

一般为观养星龟、陆龟和象龟等陆栖龟类，四周用木栅栏，其中底部封死，内设欧式城堡，半圆形门洞为龟洞，城堡背面可铺上 30 厘米的细沙，供成熟龟产卵。院中建曲路和草地及石滩，草地中间种些小型树木和花木点缀环境。内设喂食小圆盆和小果盘。有条件的还可以建大型采光顶棚。

陆龟的观养庭院

五、陆栖龟类的家庭饲养

(一)种苗选购

陆龟品种繁多,色彩鲜艳,体形不一,如放在一起会使人眼花缭乱,所以选购陆龟回家饲养须掌握以下关键。

1.选购适合自己饲养的品种

虽然陆龟的基本习性差不多少,但还是有差异的,如苏卡达陆龟的食性要求几乎不吃荤腥食物,所以它的食物就是新鲜的瓜果蔬菜。而印度陆龟只吃瓜果蔬菜不能满足生长繁殖的营养需求,所以还要喂些肉类作为补充。这样在食物上的要求就须有专人管理,否则就应选购食物来源广也比较好管的陆龟。还有一些家庭孩子比较多,会经常去干扰龟的生活,那么就应选一些胆大抗干扰的陆龟饲养，如一些既好看又不太怕人的星龟。

星龟幼苗

2.选购自己喜欢的真品种

选购的陆龟品种是否纯真，这个非常重要。如同是星龟，缅甸星龟和印度星龟乍看差不多，细看，却很有各自的特点，如印度星龟背甲深棕色，每块盾片上均有淡黄色放射状花纹，而且每一只个体的背甲放射状花纹均不相同，似星星状。而缅甸星龟背甲椭圆形，呈绛红色，每块盾片上均有淡黄色六角形斑纹，斑纹左右对称，所以差别很大。一般选购时还可从以下几个区别。

(1)看体形

不同的陆龟有不同的体形特点，如同样是上述的星龟，缅甸星龟背甲椭圆形，而印度星龟背甲呈长椭圆形，这里椭圆和长椭圆形只一字之差，但品种就不同了。

(2)看体色

在正常的光源下,体色也是辨别品种的要点之一。如还是以上两种星龟作比较,如印度星龟背甲深棕色。而缅甸星龟背甲椭圆形,呈绛红色。差别就出来了。

3.选购适应性快的

选购家庭饲养陆龟一般以经过人工驯养过的为好,尽量不选野生的,野生和人工养殖的区别主要看腿部,一般野生的较细瘦,人工驯养的较粗壮。规格大小现在大家的说法不一,有人认为从稚苗开始养价格便宜,并在驯养过程中能掌握龟的习性,但笔者认为从稚苗开始驯养如没有一定的经验死亡率一般很高,反而增加成本。而经过人工驯养的虽然买的时候价格高些,但适应快,成活率高,一般胆子也比野生的要大,所以还是应该选购驯养过的比较好。规格一般达到 29 克以上。

4.选购合适的规格

选购家庭饲养陆龟的规格笔者的经验是个体重起码达到 20 克以上,太小同样适应性会差些,当然也与品种有关系,一般星龟适应性会比别的龟强些,但太小也不好。

(二)种苗放养

陆龟的种苗放养比较简单,一般只要环境干净就可直接放养,放养密度和水栖龟类比可高些,但也要分规格大小而定,一般 50 克以下的每平方米放养 35 只,50～100 克的每平方米放养30只,100～300克的每平方米放养20只,300克以上的每平方米放养10只。

(三)饲养管理

1. 投喂

陆龟的基本食性是以植物性饲料为主,但也需要补充些动物蛋白质,饲养家庭可根据陆龟的不同食性合理投喂。

正在吃食的陆龟

陆龟的投喂次数和投喂量一般要根据环境温度和龟的体质状况而定,通常在最适宜的生长温度范围内一天投喂2次比较合适,其他时节投喂1次,投喂量一般为投喂后1小时吃光为准,随后根据实际的吃食情况以5%的比例灵活增减。

2. 生态管理(清理粪便打扫场地)

陆龟在陆上生活,环境的管理没有水栖龟类那样复杂。所以陆龟的生态环境主要是室内饲养的箱内环境和室外的庭院环境,管理工作主要也是清扫为主。如清理残饵、清扫粪便和室外庭院的清理杂草等使饲养的环境始终保持干净就可。

3. 洗浴

陆龟在陆上生活,身上会积累灰尘等脏物,这些赃物如积累过多,不但会影响龟的观赏价值,也会引发疾病,所以定期给陆龟洗浴是很有必要的,洗浴一般是根据身体情况而定,但夏天一般要求每天都洗一次,洗浴时的水温要求与环境温度一样,洗浴时根据情况可用人用的浴液。为了防病,还要定期进行药浴,药浴可用无刺激味道的消毒剂就可。

4. 控温

如是室内饲养,箱的温度开始时最好和当时的室温一样,以后可用灯温逐渐提高到陆龟生长的最佳温度。大多陆龟是温热带引进的,所以为了提高饲养的观赏性和延长观赏时间,一般都会创造较好的饲养环境,避免冬眠,特别是室内饲养完全可以用饲养箱内的加温设施设定到最佳温度,成本并不高。如是庭院饲养,那就应做好越冬期的管理,越冬期的管理主要是遮盖好越冬的洞穴和防止敌害侵扰。

5. 防敌害(蚊子等)

陆龟的敌害主要发生在室外饲养时,如蚊蝇、鼠蛇和家养的猫、狗及鸥鸟等,防治的办法一是用拦网和罩,如防鸥鸟可用大眼的聚乙烯网;二是驱赶;三是捕杀如蛇鼠等。

第四章　观赏龟的病害防治

第一节　观赏龟疾病防治的常用药物

一、西药类

西药的特点是成分单一、针对性强、疗效快、易产生抗药性。现把防治观赏龟常见病的西药介绍如下。

1. 生石灰

生石灰又称氧化钙，是观赏龟庭院观养中最经济易得、操作方便且效果好的环境消毒药。

【作用与药理】在龟病防治中主要有两种作用。

(1)直接作用

生石灰在龟池中遇水变成氢氧化钙。首先是增加温度，使一些病原菌在突然上升的高温中死亡。其次是生石灰分解后能迅速提高池中的 pH，当 pH 提高到 11 以上时，能破坏病原菌的酶系统，使病原菌的蛋白质凝固，起到直接杀死病原体的作用，通过试验表明，当龟池 pH 提高到 11 以上时，2 小时后检测，除龟以外，几乎所有的生物都被杀死。

(2)间接作用

生石灰有改善水质，为养殖水体提供营养元素的作用。使水体变肥，促进水中增氧的浮游植物生长。此外，它还有缓冲 pH 作用。使水体的 pH 保持稳定，给龟创造一个适宜生长的良好环境。所以生石灰在龟病防治中，既是清塘消毒又是改善生态环境的良药。

【应用方法】应用生石灰清塘可采取干法。即用生石灰每平方米 0.5～1 千克的量打成小细块遍撒，然后放水 10～15 厘米任其分解，第二天再用铁耙耙一遍，使其充分分解。就可起到消毒的作用。调节水质时可把生石灰化成石灰水泼洒。用量要视当时龟池 pH 情况酌用，应注意的是应用时应做好身体的防护，以免化石灰时灼伤身体。

2. 三氯异氢尿酸

三氯异氢尿酸为白色结晶粉，有很强的氯臭，含有效氯在 85%，遇酸或碱易分解，是一种极强的氯化剂和氧化剂，很适合庭院观养池和用具的消毒。

【作用与药理】三氯异氢尿酸对细菌、病毒、真菌、芽孢和一些虫卵有杀灭作用，是一种高效、广谱、较安全的消毒药物，多应用于养殖场的环境、用具和池塘消毒。主要预防室外庭院观养期的龟类疾病。

【应用方法】用市售产品并严格按产品说明应用。

3. 二氧化氯合剂

二氧化氯合剂无色、无臭、无味，是一种强消毒剂。

【作用与药理】二氧化氯的作用机理是药物释放出新生态氧及亚氯酸根离子，渗透至病原微生物内部使蛋白质中氨基酸氧化分解，破坏病原微生物的酶系统，从而达到迅速杀灭细菌和病毒的作用。二氧化氯主要用于环境、用具消毒和池塘池水消毒。

【应用方法】由于目前二氧化氯的制品较多，且各种制品的特性有很大差异，所以用时要严格按所购产品的说明应用。

4. 氯化钠

氯化钠也叫食盐，是观赏龟常用的体表消毒药。用盐消毒不但成本低、操作方便，易购买，也无太大的副作用。

【作用与药理】盐的杀菌机理是利用高渗透作用破坏病原体细胞而致病原体死亡。

【应用方法】一般对龟体表消毒一定要严格控制浓度与时间。通常规格3～5克的龟苗消毒浓度为1%～2%，200克左右的龟种为3%的浓度，亲龟为4%的浓度，消毒时间为5分钟。

5. 碘伏

碘与表面活性剂的不定型结合物叫碘伏。

【作用与药理】表面活性剂起载体与助溶的作用。碘伏的杀菌作用是包括表面活性剂和碘的作用。碘与表面活性剂结合成碘伏后，改变了溶液的湿润性，并能协助碘伏穿透有机物的能力，乳化脂肪沉淀物，所以碘伏能在有效浓度的时间内杀死细菌、真菌和病毒。

【应用方法】碘伏的应用可在室内环境、水体、用具等进行消毒。碘伏的应用优点是无异味，刺激性小，稳定性好。即使在室温下(25℃)贮存几个月，有效碘的降低也不会太明显，对人和养殖对象的毒性较低，且不会过敏。碘伏的应用一般在室内环境为 1/40 000 浓度的消毒水喷洒，如用于水体消毒，一般每立方米水体 8～10 克，作用 10 分钟就可达到消毒目的。

6. 硫醚沙星

硫醚沙星是一种可替代孔绿的抗真菌药物。

【作用与药理】对水霉、毛霉等真菌有较好的杀灭作用，对嗜水气单胞菌、爱德华氏菌也有一定的杀灭作用，所以对龟的真菌感染性疾病有较好的防治作用。

【应用方法】应用时可按产品说明进行。

7. 高锰酸钾

高锰酸钾是一种强氧化剂外用消毒药物。其具有抗细菌和真菌的作用，这种药物不但易购买，使用也方便，副作用也较小。

【应用与药理】高锰酸钾主要应用于皮肤或黏膜的消毒。

也可用于一些鲜活青饲料的消毒。高锰酸钾外观是暗紫色，具有金属光泽，菱形片状晶体，在干燥不暴露空气时，稳定性能良好，故可在室温下长期保存，但它的水溶液如果暴露在空气中则不稳定。因此应用水溶液时要现配现用。高锰酸钾的杀菌机理和杀菌力是因它能氧化微生物体内的活性基团致微生物死亡。此外，高锰酸钾还能有效地杀死各种病毒。一般以 1∶10 000 的比例溶液经过半小时接触，即能破坏病毒的传染性。影响高锰酸钾消毒效果的主要因素为有机物、碘化物和还原剂，后两者可使高锰酸钾失去杀菌能力。所以，在消毒环境中如有机物浓度越高，则效果越差。此外温度对高锰酸钾的影响也较明显。一般温度越高，作用越强，否则反之。

【应用方法】在龟病防治中，高锰酸钾可作为龟种、亲龟体消毒药。应用浓度为万分之一，使用时间视温度情况 1～2 分钟之间。

高锰酸钾也可治疗 50 克以上幼龟的水霉病，应用方法是，先把原池水换成 10 厘米深的干净水，然后用每立方米 20 克药化好后泼洒，10 分钟后再把水注到标准水位。也可把病龟捞出用同样浓度的药水浸泡 10 分钟后放回池中。

8. 硫酸铜（石胆）

硫酸铜是一种防治原生动物寄生虫疾病的重金属盐类。

【作用与药理】其杀虫的机理是铜与蛋白质结合成蛋白盐沉淀。特别是重金属能与一些酶的巯基结合，而巯基是一些酶的活性基团。当它们与重金属离子结合后就会失去活性。从而影响寄生虫的生长繁殖，所以硫酸铜的杀虫对象主要是单细胞原生动物寄生虫。如寄生在龟体上的黏孢子虫等，在水体中，影响硫酸铜效果的因素很多，但主要有以下几点：一是温度，一般情况下温度越高，毒性越大；二是 pH，越偏碱性越影响效果；三是有机物的浓度，浓度越大，效果越差。所以应用时应根据当时的具体情况灵活应用。

【应用方法】浸泡龟体除虫，用百万分之一浓度在水温 20℃时浸泡 3 分钟。全池泼洒杀虫，水温 20℃时每立方米水体用 0.8 克，低于 20℃时每立方米水体用 1 克，25℃时每立方米水体用 0.6 克。

9. 敌百虫

敌百虫是一种有机磷广谱杀虫剂。

【作用与药理】敌百虫 90% 含量为白色晶体，易溶于水，水溶液呈微碱性。敌百虫杀虫的机理是有机磷的水解产物，能抑制虫体神经的胆碱酯酶活性，破坏了水解乙酰胆碱的能力，使乙酰胆碱蓄积导致虫体神经先兴奋后麻痹而死亡。故这种杀虫剂对无神经结构的单细胞寄生虫几乎不起作用。

【应用方法】在龟病防治中，可用来杀死寄生在龟体上的水蛭、线虫等。但因龟对敌百虫也较敏感，所以尽量不用泼洒法，只可用来浸泡。浸泡时应在人的监视下进行，一般浸泡为 0.5×10^{-6} 浓度的药水，浸泡 2 分钟，虫体可脱落。根据国家有关规定本药物在龟上市前28天应停用。

10. 利福平

利福平是一种抗革兰氏阴性菌的内服药物。

【作用与药理】本品为鲜红或暗红色结晶粉末，无臭，无味，遇光易变质，水溶液易氧化而降低效果，利福平对阴性杆菌的杀灭作用强于阳性菌，如与抗阳性菌药物联合使用效果更佳，利福平极易产生抗药性，故不应长期使用，一般使用一次后，最好隔1个月。

【应用方法】利福平在龟病防治中主要用于体表的疾病，如白点病、腐皮病、烂脚病，疖疮病等，用时可用浸泡法，通常配成15×10^{-6}浓度的药水浸泡10分钟即可。如用泼洒法每立方米池水用1克即可。注意在用泼洒法时应先换去原池1/2的老水后再进行。利福平价格较贵，故应少用或不用。

11. 庆大霉素

庆大霉素是由小单孢菌所产生的多成分抗生素。

【作用与药理】本品为白色粉末，有吸湿性，易溶于水。对温度及酸、碱都稳定。庆大霉素为广谱抗生素，对多种革兰氏阳性菌及阴性菌都具有抗菌作用，故适用于各种球菌与杆菌引起的感染。在龟病防治中，既适合外伤引起感染也适合化脓性炎症。如同青霉素、四环素类、磺胺类药物合用，常有协同增效作用。

【应用方法】庆大霉素因性质较稳定，所以可肌肉注射也可内服。应用数量可视龟的病情程度灵活应用。也可参考市售兽药产品说明应用。但一般 1 千克体重注射不超过 20 万单位。值得注意的是庆大霉素对肾功能也有损害,还极易产生抗药性,故不宜长期和反复使用。

二、中草药类

中草药是龟病防治中的主要药物之一,中草药的特点是成分复杂、营养丰富、综合性强、不易产生抗药性,无副作用,但疗效较缓。中草药的资源很丰富,特别是农村养殖户,在自家的地头园旁、田埂路边和林地水沟都可采到既有营养又有防治疾病作用的中草药。

中草药不但有相当的药理作用,其还有许多其他药物无法替代的营养物质,如多种维生素等,所以许多还是观赏龟的饲料,通过多年的实践,在观赏龟疾病防治中有很好的作用,特别是中草药在农村地区资源丰富,便捷易得,可大大降低用药成本,现把一般常用和效果较好的中草药的成分作用介绍如下。

1. 大黄

大黄为蓼科植物掌叶大黄的根和根茎,主要分布在我国的西藏、甘肃、四川等地。

大黄主含蒽醌类化合物,如大黄素、大黄酚、大黄酸等。此外还有大黄单宁、番泻甙、鞣质、树脂及糖类等化学成分。

大黄中番泻甙等结合性大黄酸能增加动物体肠道的张力和蠕动,可促进消化吸收和增进食欲。大黄中的鞣质有收敛和修复创面作用。大黄中的一些活性成分还可降低毛细血管的通透性和改善其脆性,还能增加血小板促进血液凝固,故有明显的止血作用。大黄煎剂有较好的抗菌和抑菌作用,如金黄葡萄球菌、溶血性链球菌、大肠杆菌、痢疾杆菌等。还对一些致病性真菌也有杀灭作用。最近的研究报道还表明,大黄还有较好的抗病毒和抗肿瘤的作用。在龟病防治中,内服可防治龟的赤白板病和肠道出血病。外泼可防治龟的白眼病和腐皮病。

2.黄连

黄连为毛莨科植物黄连的根茎。主要分布于我国的西北、西南、华东、华中、华南诸省。

黄连根茎含多种异喹啉类生物碱,其中小檗碱占5%～8%,其他还有黄连碱、甲基黄连碱、巴马汀、药根碱、木兰碱等。酚性成分有阿魏酸、氯原酸等。黄连煎剂中的活性成分如小檗碱和黄连碱对革兰氏阳性菌和革兰氏阴性菌均有较强的抑制作用。对一些真菌和原虫也有较好的杀灭作用。这里黄连碱的作用最强,其作用的机理在于能有效抑止微生物RNA蛋白质的合成。黄连中的小檗碱型季铵碱均有显著的抗炎作用。黄连煎剂中的小檗碱还有明显的抗溃疡作用。黄连中的有效成分还有较好的抗病毒作用。在龟病防治中,可用消化道疾病和痈肿腐皮等外症。但在采用内服时因黄连较苦,如比例过高会影响龟的吃食,故以不超过当日干饲料量的0.5为好。值得注意的是,黄连中的有效成分小檗碱能与甘草中的甘草甙、黄芩中的黄芩甙、大黄中的鞣质类成分反应后生成难溶沉淀物,故在应用时应避免与甘草、大黄、黄芩等含甙类和鞣质类含量较高的中药配伍。

3.白芍

白芍毛茛科植物芍药的干燥根。主产于我国的浙江(杭白芍)、安徽(亳白芍)、贵州等地也有栽培。

白芍根含芍药甙、鞣质、苯甲酸、草酸钙、挥发油等成分。白芍煎剂对革兰氏阳菌和革兰氏阴性菌均有较强的抑止作用。对病毒和致病真菌也有较好的抑止作用。芍药甙对消化道溃疡有明显的保护作用。此外,芍药还能增强巨噬细胞的吞噬能力。在龟病防治中,可用于龟的肠和肝病。而对亲龟产后的应用具有理肝调血的作用。

4.牡丹皮

牡丹皮为毛茛科植物牡丹的根皮。我国黄河中下游诸省均有栽培。

牡丹皮根皮主含芍药甙、丹皮酚、葡萄糖、苯甲酸、挥发油等有效成分。丹皮酚有抗惊镇静抗应激作用。牡丹皮煎剂还有较好的抗菌作用,特别是对痢疾杆菌、伤寒杆菌、霍乱弧菌、边形杆菌、绿脓杆菌、肺炎球菌都有较强的抑止作用。此外,对常见的皮肤性真菌也有较强的杀灭作用。在龟病防治中，外泼，可防治龟苗阶段的白眼病。内服可防治肝病。此外，在进行分养、运输和放养前投喂 5 天可起到抗应激，防损伤的作用。

5. 黄柏

黄柏为芸香科植物黄柏的树皮。主要分布于我国的西北、西南、华北、华中、东北等地区。

黄柏主含小檗碱等生物碱，还有黄柏内脂、黄柏酮、脂肪油和黏液质等成分。黄柏水煎剂有较强的抗菌作用，其中对霍乱弧菌、伤寒杆菌、大肠杆菌有杀灭作用。对一些真菌也有抑止作用。黄柏所含的小檗碱还有增强血液中白细胞吞噬能力，起到提高动物体抗病能力的作用。小檗碱对血液中的血小板有保护作用，使其不易破碎。此外小檗碱还有减轻创面充血的作用。在龟病防治中，外用可防治的疥疮病、腐皮病。内服可防治龟肠炎病。

6. 黄芩

黄芩为唇形科植物黄芩的根。主要分布于我国的华北、东北、西北和西南等地。

黄芩主含黄芩甙、汉黄芩素等五种黄酮成分。还含有苯甲酸、黄芩酶及淀粉等化学成分。黄芩煎剂对甲型链球菌、肺炎球菌、霍乱弧菌、痢疾杆菌、绿脓杆菌等病原菌均有较强的抑止作用，另外对一些病毒也有较好的抑止作用。黄芩有加强皮层抑止过程，从而起到镇静作用。研究表明，黄芩还有保肝利胆的作用；这与黄芩能增加胆汁排泄量和黄芩素能因动物四氯化碳引起的肝脏中毒有解毒作用有关。在龟病防治中外用可防治体表感染的各种皮肤病。内服可防治肝胆病、病毒病和各种细菌感染的疾病。由于黄芩味极苦且木质素和粗纤维较高，故不宜应用于50克体重内的龟苗内服。

7. 黄芪

黄芪为豆科植物膜荚黄芪的根。黄芪主要分布于我国的东北、西北和华北等地。

黄芪主含黄酮类化合物，还有葡萄糖醛酸、黄芪皂甙、大豆皂甙、亚油酸、胆碱和氨基酸等成分。黄芪能加强正常心脏收缩，对衰竭的心脏有强心作用。黄芪煎剂对多种病原体有较好的抑止作用，如贺氏痢疾杆菌、甲型溶血性链球菌、肺炎双球菌、枯草杆菌等。黄芪中的多糖具有提高机体免疫力和增强体质作用。在龟病防治中可用于亲龟产后的补养和成龟阶段的防细菌感染。

8. 甘草

甘草为豆科植物甘草的根茎。主要分布在我国的东北、西北、华北等地。

甘草富含甘草甜素、葡萄糖酸醛和葡萄糖。还有甘草次酸、甘草黄甙、甘草醇、苹果酸、生活素、氨基酸等有效成分。甘草甜素中的葡萄糖醛酸通过物理、化学方式的沉淀、吸附与结合，能加强肝脏的解毒机能。甘草煎剂能使肝损伤和肝变性坏死明显减轻，并能使肝细化内蓄积的肝糖原及核糖核酸含量大部恢复或接近正常，血清丙谷转氨酶活力显著下降。甘草中的甘草次酸对癌细胞有较强的抑止作用。此外，甘草还有较好的抗菌和保护消化道黏膜的作用。在龟病防治中可用来预防肝病，而平时添加可提高龟的机体免疫力。

9. 五倍子

五倍子为漆树科植物盐肤木、青麸杨、红麸杨的囊状虫瘿。主要分布于我国的西北、西南、华东、华南的诸省，其中贵州产量最大。

五倍子主含鞣质，约占70%，且大多为水解性鞣质。其他还有没食子酸、鞣酸、脂肪、蜡质、淀粉等。五倍子鞣酸能使皮肤、黏膜、溃疡等局部组织的蛋白质凝固，呈收敛作用，能加速血液凝固而起止血作用。五倍子中的鞣酸能沉淀生物碱的作用，故有解生物碱中毒作用。五倍子煎剂有较好的抑菌作用，如金黄色葡萄球菌、溶血性链球菌、绿脓杆菌等。在龟病防治中可用来防治龟苗阶段的白眼病和烂甲病。值得注意的是五倍子尽量不用于内服，因五倍子中的水解性鞣质对肝脏有很强的损害作用。

10. 板蓝根

板蓝根为十字花科植物菘蓝的根。我国的河北安国、江苏南通较多。

野生的也分布于东北、西北和华北诸省。板蓝根富含靛甙、靛红、芥子甙、水苏糖、板蓝根乙素等有效成分。板蓝根煎剂有较好的抗病毒和抗菌作用，特别是感冒病毒。对枯草杆菌、大肠杆菌、伤寒杆菌等病原菌均有较好的抑止作用。在龟病防治应用中，主要用来防治龟的应激病。

三、观赏龟病害防治中禁用的药物

由于观赏龟大多也能食用，为了保证食品安全，按国家规定禁用以下药物：

地虫硫磷、六六六、林丹、毒杀芬、滴滴涕、甘汞、硝酸亚汞、醋酸汞、呋喃丹、杀虫脒、双甲脒、氟氯氰菊酯、五氯酚钠、孔雀石绿、锥虫胂胺、酒石酸锑钾、磺胺噻唑、磺胺脒、呋喃西林、呋喃唑酮、呋喃那斯、氯霉素、红霉素、杆菌肽锌、泰乐菌素、环丙沙星、阿伏帕星、喹乙醇、速达肥、己烯雌酚、甲基睾丸酮。

第二节 观赏龟常见病防治

家庭观养观赏龟一般疾病很少，但因在管理中操作不慎或一些家庭因孩童经常抓逗，也会发生各种疾病，现把观赏龟常见疾病的防治方法介绍如下。

一、毛霉病

【症状】病龟在水中可明显看到脚、颈处有白色毛状物，且随着病情的发展白色毛状物会蔓延至整个头颈部和脚部。此时发病病龟行动迟缓，食欲下降，失去活力。患白毛病的龟虽死亡率不高，但大大影响观赏形象和健康生长。

【病原与病因】检验结果为真菌水霉感染所致，原因大多因在操作时不慎损伤体表感染病原真菌。

【预防】操作需认真小心，尽量做到带水操作和不损伤体表，每次清缸后放养前一定要进行龟体消毒。

【治疗】捞出病龟，用0.2‰浓度的高锰酸钾水浸泡10分钟。或用3%的盐水浸泡5分钟，每天一次，连用两次。也可用市售紫药水涂于患处，连用两次。

二、烂爪病

【症状】病龟脚爪糜烂，患部有白色渗出物，病龟行动迟缓胆小，栖于水边。

【病原与病因】烂爪病的病原为嗜产气单胞杆菌和产碱菌等阴性病原菌。多因操作不慎弄伤脚爪，或缸中点缀物置放不当，使龟爬附时弄伤脚爪后感染病菌所致。

【预防】平时操作需认真，尽量做到不损伤脚爪，每次清缸后放养前一定要用2%的盐水进行龟体消毒。

【治疗】捞出病龟，用1%的盐水洗净脚爪，然后用红霉素软膏涂抹患处。也可用市售紫药水涂于患处，连用两次。

三、烂甲病

【症状】病龟背甲溃烂，并有脓样渗出物，病龟大多食欲减退，行动迟缓，严重的引发内部并发症而死亡。

【病原与病因】烂甲病的病原为嗜产气单胞杆菌和假单胞杆菌等阴性病原菌。多因观赏龟在观养缸中放养密度过大，观赏龟互相挤压抓伤背甲后感染病原菌而致病。

【预防】合理放养密度，特别是长到一定规格时候要进行分养。

【治疗】病情严重很难治愈。发病初期的应及时隔离，先用双氧水把患处洗净，然后用红霉素软膏涂抹于患处，如能吃食，最好在饲料中添加甲砜霉素片，连喂5天。

四、肠炎病

该病主要易发生在观养的陆龟。发生原因是陆龟摄食一般无节制，而一些家庭的孩童乘大人不在时盲目投喂各种食品导致陆龟消化不良发生梗阻和肠炎。

【症状】病龟突然食欲下降，活动异常，排出的粪便也由正常的条状变成颗粒状，排出粪便的表面还有灰绿色或灰白色的黏液。

【发病原因】多因投喂不当或投喂不净的食物感染病菌引发肠炎。

【预防】投喂饲料一定要按定质、定量、定时、定位的四定原则。特别是投喂的饲料一定要干净卫生。

【治疗】在饲料中添加氟哌酸胶囊，每天两粒，上、下午各1粒，添加时把胶囊中的药物倒出拌入饲料中投喂，连续3天。

五、肺炎病

【症状】病龟食欲下降行动迟缓，时而头颈上仰，呼吸急促。严重的口鼻出现灰色脓液，不久死亡。

【发病原因】多因清理时箱内外温差太大或清洗时水温差太大引起。

【预防】清理时箱内外温度要一致，清洗时水温要和箱内的温度相同清洗的水不能有异味。

【治疗】发病严重的很难治疗，发病初期可用青霉素和链霉素各5万单位进行注射治疗，每天一次，连续3天，注射部位在龟腿的内侧，注射时注射部位应用碘酒严格消毒。

六、白眼病

白眼病也叫烂眼病，是观赏龟的常见病，特别是50克以上的龟种和成龟发病较多。

【病因】多为养殖密度过高，水体污染严重，产生强刺激性异味后使龟前肢擦伤眼部感染，或长期缺乏维生素 A 引发干眼病后感染所致。所以该病工厂化集约养殖多于野外池塘养殖。

【病症】病龟初发病时可见眼周略红，龟呈不安状，有的仰头或转颈，吃食减少，严重后眼睛肿胀并呈灰白色，有的眼珠突出，此时病龟大多双目失明并完全停食，最后因体质消瘦或并发咽喉感染而死亡。

【预防】①放养密度合理，要求 50 克以内规格的每平方米以不超过 10 只为好，250 克以内不超过 5 只为好，250 克以上的每平方米以不超过 3 只为好。

②搞好水生环境。水是养殖之本，所以要求水环境不能出现严重污染。一般当透明度低于 10 厘米时应换水。

③饲料中定期添加胡萝卜或鱼肝油，以补充维生素的不足。

【治疗】发现病龟后及时隔离单养治疗，隔离池要求避光，池中多铺斜坡栖息台，病龟放养前先用蒸馏水洗眼，然后用市售的人用眼药水点上。如病龟较多，可在上述基础上用 10 千克水中放 1 克庆大霉素的药水中浸泡 10 分钟后再放养。而病龟池可在彻底换水后，用中药五倍子、地锦草、栀子、白菊花各 25％成合剂，以每立方米水体 25 克的量，煎汁连泼 2 天，有较好的控制作用。

七、腐皮病

【病原】多为因体表损伤或环境恶化及寄生虫侵袭后感染嗜水气单胞菌、假单胞杆菌、爱得华氏菌等病原所致，感染病原多为革兰氏阴性菌。

【病症】稚、苗、种阶段的龟烂爪、烂尾、白眼病等，患病苗种体表和脚爪有大量点状黄白色渗出物，有的龟苗可见眼睛红肿，眼珠发白，鼻端发白等。养成阶段的患病龟则多为烂颈、烂脚、体背疥疮等，病情严重的体背穿孔烂甲有的颈部红肿，脚爪脱落。发病龟大多食欲不振，行动迟缓，严重的趴爬在食台上，不久就死亡。剖解可见肝肿大质脆并呈大理石状，且大多伴有腹水症状。

【预防】苗种阶段的生产操作应避免龟体表损伤。引种运输时装载应平铺单层隔放，不可叠堆。投喂的饲料应测定一下饲料中钙磷的含量，如不足应添加维生素 D 钙或肉骨粉补足。合理放养密度，及时分养调整密度。并在放养和分养时做好龟体表消毒，搞好水生环境，室内养殖的除用吸污器去污外，还应常用生石灰泼洒调节。如是室外养殖，除泼洒生石灰外，有条件的应定期换新水，特别是夏天高温季节，最好每2～5 天换一次新水。定期进行池水消毒，以减少养殖水体中病原生物的数量，杀灭寄生虫。

【治疗】如是温室养殖可先把池水放低到没过龟体背为

止，然后每立方米水体用利福平和庆大霉素各 3 克泼洒浸泡 3 小时后注水到标准水位就可，也可用中草药合剂以每立方米水体第一次 30 克，第二次 25 克的量煎汁泼洒。每次间隔 3 天，如第一次用药后见好，就不必再用药。配方：五倍子 30％、三七 10％、甘草 20％、大黄 20％、土槿皮 10％、黄柏 10％。如是外塘龟，可用市售的水溶性氟苯尼考按产品说明内服，同时可全池泼洒二氧化氯等消毒剂配合治疗，效果不错。

八、脂肪肝性肝炎

在正常情况下，肝脏不断地将游离的脂肪酸合成三酰甘油（TC），再以脂蛋白的形式输到血液中。若血中游离脂肪酸过多，肝内三酰甘油合成增加或肝内脂蛋白排出减少，这种非动态平衡如得不到及时控制和逆转，随着时间的推移就会形成脂肝病。所以引发龟脂肪肝性肝炎病变的主要原因是长期投喂高脂、高胆固醇或蛋白中缺乏蛋氨酸、胱氨酸的饲料所至。

【病症】

病龟大多四肢失调性肿胖，行动迟缓，如是成龟，前期生长快后期慢并逐渐变成僵龟。如是亲龟，产卵与受精率降低，有的甚至不产。剖检可见肝脏肿大并有无数淡黄色的脂肪小滴。

【预防】

平时应加强饲养管理和水生环境的管理，绝不投喂变质隔餐或超脂超蛋白标准的饲料。投喂商品饲料应坚持添加鲜活饵料，一般在市售商品鳖饲料的基础上添加10%～20%的鲜活饵料(鲜活饲料须是无公害的新鲜鱼、肉、蛋及无公害的瓜、果、菜、草)。

用以下中草药投喂预防：茶叶 20%、蒲黄 20%、荷叶 25%、山楂 20%、红枣 15%合剂打成细粉(药粉细度要求 80 目过筛，下同)，用时以当日干饲料量 1.5%～2%的比例添加到饲料中投喂，每月 10 天。药粉添加前要求在温水中浸泡 2 小时后，再连药带水一起拌入饲料中。

【治疗】马上停喂变质隔餐或超脂超蛋白标准的饲料。然后用以下中草药投喂治疗。配方：绞股蓝 15%、三七 15%、虎杖 20%、茵陈 20%、泽泻 15%、白术 15%合剂打成细粉。以当日干饲料量 1.5%～2%的比例添加到饲料中投喂，一个疗程 7 天，一般需三个疗程，疗程之间相隔 6 天。药粉添加前要求在温水中浸泡 2 小时后，再连药带水一起。

九、水蛭病

【病原与病症】水蛭病也叫蚂蟥病，病原为拟蝙蛭、穆蛭等水蛭寄生引起。

病龟体表与腹甲连接处可见淡黄、血红色的虫体，严重的寄生到头部眼睛和吻端。虫体一般手触微动，遇热则卷曲但并不脱落，当强行将虫体剥落时，可见寄生部位严重出血，严重的病龟常焦躁不安，有的爬到晒台上不愿下水。当寄生在眼、吻端的则头往后仰，并四处乱游，病程长的食欲减退，体表消瘦，腹部苍折，呈严重的贫血状，往往因此而影响生长。水蛭病直接死亡的较少，大多是寄生部位并发其他疾病而死。

【病因与流行】

数量众多的病原是直接致病的主要因素所以发病多是室外的利用江河湖库水作水源的混养池，亲龟池和高产精养池中。特别是投喂大量螺蛳的池中尤为严重。几乎龟的整个生长期可发生流行。

【防治】

泼洒生石灰，使池水 pH 上升到 9，刺激水蛭脱落，然后用漂白粉 1.5 毫克/升泼洒 1 次，6 天后再用高锰酸钾 5 毫克/升浓度泼洒 1 次，即可除去大部分水蛭。也可用鲜猪血浸毛巾在进水口处贴着水面诱捕，一般 3～4 个晚上就可捕捉大部分水蛭。带虫体的毛虫可用生石灰掩埋。平时经常用生石灰调水，使水的 pH 始终保持在 7.5～8 之间。因 pH 略高的水体不适合水蛭生活。